职业教育行业规划教材

职业教育改革创新教材

化学基础

徐金娟 ◎ 主编
宋传忠 ◎ 主审

·北京·

本书是根据上海市化学工艺新专业教学标准要求,以课程标准与化学工艺专业特色为依据,结合中等职业教育的实际需要和目前的生源状况,将无机化学、有机化学等学科中的基础知识和实验技能有机地整合而成的。本书共有3个单元,分别是化学基本原理和概念、常见元素及其化合物和有机化合物。

本书在编写模式、内容选取、编排等方面力求创新,在知识点的选取上,强化应用、贴近实际。本着"必需、够用、实用、适用"原则,有利于学生知识的掌握和技能的获得,并把技能的形成放在突出的位置。通过设计"想一想"、"交流与讨论"、"练习与实践"、"实验活动"等多类型栏目,注重知识的新颖性与趣味性的有机结合。

本书可供中等职业学校化学工艺专业及相关专业使用,也可作为其他院校有关专业的教材。

图书在版编目(CIP)数据

化学基础/徐金娟主编. —北京:化学工业出版社,2013.5(2023.9重印)
职业教育行业规划教材
职业教育改革创新教材
ISBN 978-7-122-17000-2

Ⅰ.①化… Ⅱ.①徐… Ⅲ.①化学-中等专业学校-教材 Ⅳ.①O6

中国版本图书馆CIP数据核字(2013)第074872号

责任编辑:旷英姿　　　　　　　　　　　　文字编辑:林　媛
责任校对:宋　玮　　　　　　　　　　　　装帧设计:尹琳琳

出版发行:化学工业出版社(北京市东城区青年湖南街13号　邮政编码100011)
印　　装:北京虎彩文化传播有限公司
787mm×1092mm　1/16　印张13　彩插1　字数302千字　2023年9月北京第1版第6次印刷

购书咨询:010-64518888　　　　　　　　　　售后服务:010-64518899
网　　址:http://www.cip.com.cn
凡购买本书,如有缺损质量问题,本社销售中心负责调换。

定　价:35.00元　　　　　　　　　　　　　　　　　　　　　版权所有　违者必究

前 言

本书是以《上海市中等职业学校化学工艺专业教学标准》要求为依据，以"任务引领，做学一体"的课程设计思路为原则，以"能力为本"为课程设计的整体目标，根据教学实际，结合生活、生产的现状和中职学生的特点编写而成。

本教材打破原有学科体系，创造性地从中职学生现有的水平和将来的职业需要出发，将无机化学和无机化学实验、有机化学和有机化学实验等学科中的化学基础知识和实验通过精选内容有机地整合为"化学基础"。

本教材共有3个单元、10个项目、44个任务，总课时数约220学时。每个单元中设有学习目标和若干个项目：学习目标让读者一目了然看到本单元的内容和要求；每个项目中又设有学习指南和若干个任务，学习指南用图表示，简洁明了；每个任务均由与生活、生产有关的问题引出，让读者带着问题去接受知识。

本教材在编写模式、内容选取、编排等方面力求创新。在知识点的选取上，注意淡化理论、降低难度、强化应用、贴近生活，本着"必需、够用、实用、适用"原则，有利于学生知识的掌握和技能的获得，并把技能的形成放在突出的位置。本教材是以《化学工艺》专业相关工作任务和职业能力为依据，按学生的认知特点，把要求掌握的教学内容循序渐进地设计成若干个项目，每个项目中包含若干个任务，以工作任务为主线来整合相应的知识、技能。在内容选择上，充分考虑中职生的特点，大量运用工业生产和社会生活中的具体实例，贴近生产、生活；提出大量引导学生积极思考的问题。另外，教材使用了大量的插图，形式多样，内容丰富，图文并茂，通俗易懂，有助于学生对知识的理解和掌握，能力的培养和提升。在教材框架的构思上，着力于提高学生的学习兴趣，注重新颖性与趣味性的结合，在栏目设计上遵循学生的认知规律，设计了"学习目标"、"学习指南"、"知识与能力"、"想一想"、"交流与讨论"、"练习与实践"、"知识窗"、"实验活动"、"拓展视野"、"项目小结"、"复习题"等多类型栏目。

全书由上海石化工业学校徐金娟主编，并负责编写绪论、项目一、项目五及统稿；蔡东华编写项目六和项目七；杨琼编写项目二；宋正芳编写项目九；陈玲琍编写实验部分；沈阳市化工学校王文海和徐金娟编写项目三和项目四；新疆化工学校的甘争艳与周明忠编

前 言

写项目八和项目十。本书由沈阳市化工学校宋传忠主审。

本书在编写过程中得到了上海石化工业学校苏勇、黄汉军、高炬、栾承伟、沈晨阳和化学工业出版社的关心和支持；上海石化工业学校章红老师，为本书编写提供了许多宝贵的意见和建议，在此谨向所有关心支持本书的朋友致以衷心的感谢。

由于编者水平有限，时间仓促，书中难免有疏漏和不当之处，敬请同行和读者批评指正。

编者

2012年1月

目 录

绪论

单元一 化学基本原理和概念

项目一 物质的结构 /10
    任务一 认识原子的结构 /11
    任务二 解读元素周期律和元素周期表 /15
    任务三 了解物质的结构 /18
    任务四 了解化学实验室 /22
    阅读材料 人类未来的新能源——氦-3 /25
    项目小结 /26
    复习题 /26

项目二 化学基本量及其计算 /28
    任务一 掌握有关物质的量的计算 /29
    任务二 掌握有关气体摩尔体积的计算 /31
    任务三 了解理想气体状态方程 /33
    任务四 配制一定物质的量浓度的溶液 /35
    任务五 掌握有关化学方程式的计算 /37
    阅读材料 过量计算 /39
    项目小结 /39
    复习题 /40

项目三 化学反应速率和化学平衡 /42
    任务一 探究影响化学反应速率的因素 /43
    任务二 了解化学平衡及特点 /46
    任务三 探究影响化学平衡移动的因素 /47
    阅读材料 勒夏特列简介 /50
    项目小结 /51
    复习题 /51

项目四 电解质溶液 /53
    任务一 探究电解质的强弱 /54
    任务二 探究溶液酸碱性的强弱 /57
    任务三 学会离子方程式的书写 /61
    阅读材料 酸碱平衡——让你健康更美丽 /64
    项目小结 /64
    复习题 /64

目　录

项目五　氧化还原反应和电化学基础　/68
　　任务一　掌握氧化还原反应　/69
　　任务二　了解电化学基础知识　/73
　　阅读材料　新型化学电池——燃料电池　/78
　　项目小结　/78
　　复习题　/78

单元二　常见元素及其化合物

项目六　常见非金属元素及其化合物　/82
　　任务一　认识卤素及其化合物　/82
　　任务二　认识硫及其化合物　/90
　　任务三　制备硫酸铜晶体　/96
　　任务四　认识氮及其化合物　/97
　　任务五　制备氨气、氯气、硫化氢气体　/103
　　阅读材料　硫酸生产简介　/105
　　项目小结　/106
　　复习题　/106

项目七　常见金属元素及其化合物　/108
　　任务一　了解金属通性　/109
　　任务二　认识钠及其重要化合物　/113
　　任务三　认识钙、镁、铝及其重要化合物　/119
　　任务四　了解配位化合物的基本概念　/124
　　任务五　鉴别未知化合物　/127
　　阅读材料　铁及合金、重铬酸钾、高锰酸钾　/128
　　项目小结　/129
　　复习题　/129

单元三　有机化合物

项目八　重要的烃　/134
　　任务一　走近有机化合物　/135
　　任务二　测定有机化合物的熔点　/137
　　任务三　认识甲烷及烷烃　/137
　　任务四　认识乙烯及烯烃　/143
　　任务五　认识乙炔及炔烃　/146
　　任务六　认识苯及苯的同系物　/150

目 录

  任务七 提纯苯甲酸 /152
  阅读材料 石油 /153
  项目小结 /154
  复习题 /154

项目九 烃的衍生物 /157
  任务一 认识氯乙烷 /158
  任务二 认识乙醇及苯酚 /159
  任务三 认识乙醛及丙酮 /164
  任务四 认识乙酸及乙酸乙酯 /168
  任务五 制备阿司匹林 /173
  阅读材料 认识杂环化合物 /175
  项目小结 /175
  复习题 /176

项目十 其他有机化合物 /179
  任务一 认识糖类 /180
  任务二 制备肥皂 /183
  任务三 认识蛋白质 /186
  任务四 认识高分子化合物 /188
  任务五 从茶叶中提取咖啡因 /193
  阅读材料 玉米塑料 /194
  项目小结 /194
  复习题 /194

附录

附录一 国际单位制（SI） /196
附录二 酸、碱、盐溶解性表（293K） /197
附录三 一些弱酸、弱碱的解离常数（298K） /197
附录四 标准电极电势（298K） /198

参考文献

元素周期表

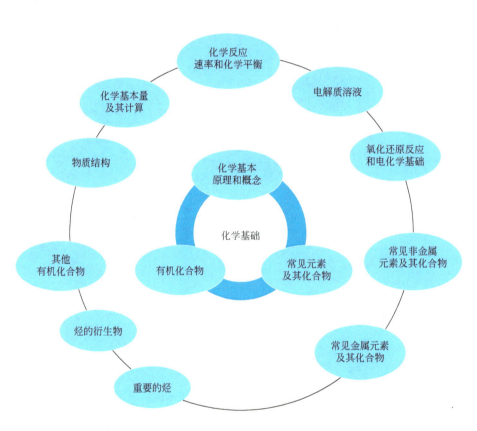

绪 论

世界是由物质组成的，人类生活的世界就是一个永恒运动着的物质总体。自然界的气候变化、生命体的光合作用、醇香的酿酒过程、石油的炼制生产等，从开始用火的原始社会到使用各种人造物质的现代社会，到处都留下了化学研究的足迹，享受着化学发展的成果，可以说人类生活和活动的全部领域都离不开化学。正如二百多年前，英国著名化学家、氧气的发现者普利斯特里所说的"化学是为最大多数人的最大幸福服务的一门科学"。

那么，究竟什么是化学？化学为什么能在人类的生产和生活中发挥如此不可估量的作用？人类应该怎样利用化学来改造世界创造未来？让我们层层揭开化学的神秘面纱，走进神奇魔幻的化学世界。

一、化学的基本概念

化学是研究物质的组成、结构、性质以及变化规律的一门自然科学。

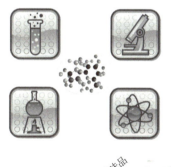

化学研究的对象是客观存在的物质。
化学研究的内容有：
➤各种各样的物质是怎样构成的？
➤用什么方法可以获取这些物质？
➤物质又是如何发生变化的？
➤根据这些变化人们如何决定它的用途？

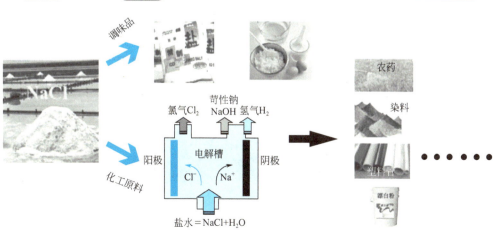

例如氯化钠（NaCl），人类采用化学的方法研究之后，发现氯化钠除了可以作为食盐等调味品外，还是一种重要的化工原料，利用氯化钠可以制造氢氧化钠（苛性钠）、氯气和氢气，进而制取盐酸、漂粉精、塑料、肥皂和农药。在造纸、纺织、印染、有机合成和金属冶炼等行业都离不开氯化钠制得的化工产品。

二、化学的发展与进步

1. 化学发展史

化学的起源和发展与人类的生活息息相关。人类的衣食住行，都自觉或不自觉地享受着化学变化带来的便利。而原始化学正是萌芽于冶金、酿酒这样的传统技术。

自从有了人类，化学便与人类结下了不解之缘，从古至今，伴随着人类的进步，化学历史的发展经历了哪些阶段呢？

（1）实用技术阶段（远古—公元1650年）

早期的化学只是一门实用技术。人类为了满足自己生存、长寿及安全的需要，根据实践经验摸索出制陶、冶金、酿酒、染色等工艺，发明了火药、造纸及炼丹术等。此时化学知识还没有形成系统，但积累的许多物质间的化学变化为化学的进一步发展准备了丰富的素材，这是化学史上令我们惊叹的雄浑的一幕。

商代的司母戊鼎是目前已知最大的古青铜器

（2）近代化学阶段（公元1650年—1900年）

人类在对药物化学和冶金化学的广泛探究之下，产生了原子-分子学说，使化学从实用技术跨入了科学之门。在这一理论的指导下，人们发现了大量元素，同时揭示了物质世界的根本性规律——元素周期律，所有这一切都为现代化学的发展奠定了坚实的基础。

周期律的发现是化学系统化过程中的一个重要里程碑。

（3）现代化学阶段（20世纪初）

现代物质结构理论的建立，使物质世界的秘密进一步揭开，合成物质大量出现。化学理论的发展促进了合成化学发展，解决了化学上许多悬而未决的问题；同时，化学与其他学科之间的渗透，又大大促进了材料、能源等科学的发展。

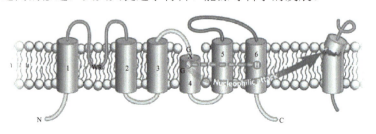

美国和中国的研究人员曾经共同公布的蛋白酶家族膜内蛋白酶的结晶结构。

2. 我国的化学发展

我国是世界文明古国之一，在化学发展史上有过极其辉煌的业绩；印刷术、指南针、火药和造纸术是我国古代的四大发明，其中火药和造纸就是化学的萌芽制作。烧瓷技术世界闻名，精美的青铜制品（铜、锡、铅的合金）更是世上罕见。

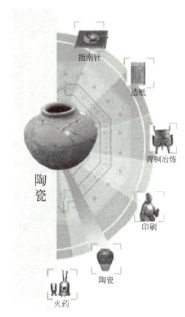

新中国成立以后，我国的化学和化学工业，以及化学基础理论研究等方面，都取得了长足的进步。化肥、农药、"三酸二碱"等基本化工产品产量迅速增长；石油化工生产突飞猛进，建成了塑料、化纤、橡胶、涂料以及胶黏剂五大合成材料工业体系；用于火箭、导弹、人造卫星及核工业等所需的特殊材料均可独立生产。

1965年，我国的科学工作者在世界上第一次用化学方法合成了具有生物活性的蛋白质——结晶牛胰岛素，到了20世纪80年代，又在世界上首次用人工方法合成了一种具有与天然分子相同的化学结构和完整生物活性的核糖核酸，为人类揭开生命奥秘做出了贡献。

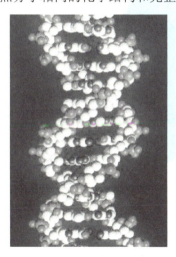
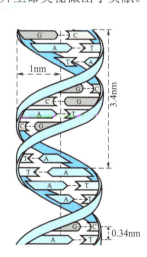

三、化学的重要作用

化学是一门社会需要并为人类社会服务的实用学科。人类生活的各个方面、社会发展的各种需要都与化学息息相关。当今，化学日益渗透到生活的各个方面，特别是与人类社会发展密切相关的各个领域。

化学基础

1. 化学使人类丰衣足食并不断提高人类的生活质量

我们生活在化学世界里，见下图：

色泽鲜艳的衣料要经过化学处理和印染，丰富多彩的合成纤维就是化学的一大贡献；利用化学生产化肥和农药，以增加粮食产量；现代建筑所用的水泥、石灰、油漆、玻璃和塑料等材料都是化工产品；用以代步的各种现代交通工具，不仅需要汽油、柴油作动力，还需要各种汽油添加剂、防冻剂以及机械部分的润滑剂，这些无一不是石油化工产品。预防疾病将是21世纪医学发展的中心任务，利用化学合成药物，以抑制细菌和病毒，保障人体健康；此外，人们需要的洗涤剂、美容品和化妆品等日常生活必不可少的用品也都是化学制剂。

2. 化学能保护和改善人类赖以生存的环境

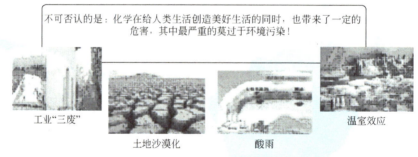

不可否认的是：化学在给人类生活创造美好生活的同时，也带来了一定的危害，其中最严重的莫过于环境污染！

工业"三废"　　土地沙漠化　　酸雨　　温室效应

在许多人的眼里，化学的美好黯淡了，更多的人则认为"化学是丑恶的罪魁祸首"，甚至说"都是化学惹的祸"，因此，利用化学的力量减少或消除污染、改善环境迫在眉睫。

解铃还需系铃人。在这些关系到国计民生的环境问题中，化学必然会担负起主要的责任。化学工作者可以通过了解环境被污染的情况和原因，治理保护环境。如研究开发对环境无害的化学品和生活用品，实施绿色化工。利用化学综合应用自然资源和保护环境以使人类生活得更加美好。

3. 化学能提供人类合理使用能源的方法

能源是人类发展和社会进步的动力，是关系国民经济的命脉。随着经济和社会的发展，人类对能源的需求量越来越大。曾为"地大物博"、"资源丰盛"而自傲的我们，今天却将面临着空前的能源危机。

能源危机？这个似乎是离自己很遥远的词语，现在却正逐渐渗透到人们的生活中，其速度远远超出了人们的想象。人们不得不思考并采取应对措施。

（1）提高燃料的燃烧效率并节约能源

> 研究高效洁净的转化技术和控制低品位燃料的化学反应，使之既能保护环境又能降低能源的成本。
> 节约能源：走新型工业化道路、循环经济、企业清洁生产等。

（2）开发新能源

在化石能源逐渐枯竭、环境代价日益受到重视的今天，新能源的开发和利用日新月异。新能源必须满足高效、洁净、经济、安全的要求，利用太阳能以及新型的高效、洁净化学电源与燃料电池都将成为21世纪的重要能源。

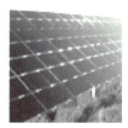

风力发电　　上海世博会中的氢能源汽车　　太阳能电池　　生物质能源

（3）寻找更新型的能源

除去已经有研究基础和生产经历的上述能源以外，从根本上寻找更新型的能源（例如天然气水合物）的工作不可忽视。而这些研究大多数要从化学基本问题做起，研究有关的理论与技术。

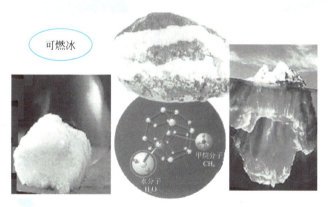

可燃冰

4．化学是人类使用新材料的源泉

材料是人类用于制造物品、器件、构件、机器或其他产品的物质。各种的结构材料和功能材料与粮食一样，永远是人类赖以生存和发展的物质基础。

化学的重要性体现在很多方面。化学是一门创造新事物的科学，是新物质和新材料科学发展的源泉，对人类社会的发展起着至关重要作用。例如，适应科技迅猛发展所需要的耐腐蚀、耐高温、耐辐射、耐磨损的结构材料，光导纤维、液晶高分子材料以及超导体、离子交换树脂和交换膜等功能材料，它们的制取都是需要化学参与研究的课题。

化学基础

特殊材料制成的　　　有机发光二极管　　　硅芯片　　　耐高温玻璃
飞机碳刹车盘　　　　　　(OLED)

四、发展绿色化学刻不容缓

科学不但要认识世界和改造世界，还要保护世界，化学也如此。人类的物质文明已经无法离开化学与化学工业，现在面临的问题是，既要为了开创美好生活去大力发展化学工业，又要采取措施使其生产过程和产品与环境和谐，与人类友好。因此应对化学所面临的挑战，提倡绿色化学是刻不容缓的。

1. 绿色化学的概念

（1）定义

绿色化学又称环境无害化学、环境友好化学、清洁化学，指在化学反应和生产过程中以"原子经济性"为基本原则，用化学的技术和方法去减少或消灭对人类健康、社区安全、生态环境有害的原料、催化剂、溶剂和试剂等的使用和产生。绿色化学是实现环境污染防止的基础和重要工具。

绿色化学涉及化学的有机合成、催化、生物化学、分析化学等诸多学科，其目标在于：利用可持续的方法，降低为维持人类生活水平及科技进步需要的化学产品与过程中所使用或产生的有害物质，形成一种仿生态的全过程控制模式。

（2）原子经济性

原子经济性的概念是1991年美国著名有机化学家Trost提出的，他以原子利用率衡量反应的原子性，即通过目的产物的摩尔质量与所有反应物摩尔质量之和的比值来衡量反应效率。

原子利用率越高，反应产生的废弃物越少，对环境造成的污染也越少。

$$A + B \Longrightarrow C + D$$
主产物　副产物

↓ 原子经济反应

$$A + B \Longrightarrow C + \text{☺}$$
主产物　没有副产物了！

2. 绿色化学的主要特点

绿色化学的最大特点是在始端就采用预防污染的科学手段，因而过程和终端均为零排放或零污染。

在化工生产中，绿色化学的特点主要体现在：

① 化学反应的清洁性；

② 化学工艺的循环性和封闭性；

③ 化工生产的可持续性；

④ 满足"物美价廉"的传统标准等。

绿色化学体现了化学科学、技术与社会的相互联系和相互作用，是化学科学高度发展以及社会对化学科学发展的作用的产物。绿色化学不但有重大的社会、环境和经济效益，而且证明化学的负面作用是可以避免的，凸现了人的能动性。

21世纪的化学，宏观上将是研究和创建"绿色化"原理与技术的科学，微观上将是从原子、分子层面揭示和设计"分子"功能的科学。因此，在被誉为21世纪朝阳科学的八大领域中，化学以其中心科学之重当仁不让地继续在环境、能源、材料三大领域起主导作用。同时，化学秉其"化学"奇异善变之妙，通过与信息、生命、地球、空间和核科学五大领域的交叉而使自己愈发异彩纷呈。

化学是打开物质世界的金钥匙，我们的生活一定会因为化学而变得更加绚丽多彩！

单元一　化学基本原理和概念

学习目标

- 了解原子的结构和物质的结构
- 掌握物质的量及有关计算
- 知道化学反应速率的表示方法及影响因素
- 了解化学平衡的特点及平衡移动原理
- 知道强电解质和弱电解质，会写离子方程式
- 知道溶液的酸碱性，会计算溶液的pH
- 掌握氧化还原反应，了解常见的氧化剂和还原剂
- 了解原电池和电解池的工作原理
- 了解实验室的安全知识，规范实验基本操作

项目一 物质的结构

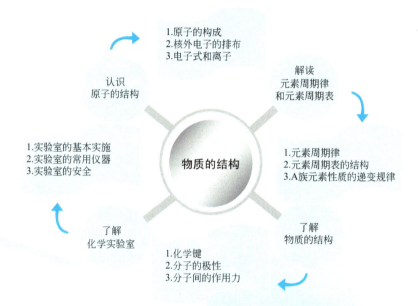

食盐

紫水晶

合成药物

水果

在我们周围的世界里存在着各种各样、形形色色的物质,而物质是由原子、离子或分子构成的。分子是原子通过共价键结合而形成的;离子晶体是阴离子、阳离子通过离子键结合而形成的。所以归根结底,物质是由原子构成的,原子是化学变化中的最小微粒,那么原子又是怎样构成的呢?

任务一　认识原子的结构

知识与能力

> - 认识原子的结构，掌握构成原子微粒之间的关系。
> - 会画1～18号元素的原子结构示意图。
> - 会写常见元素原子的电子式及离子符号。

想一想　你能从图1-1知道原子是由哪些微粒构成的吗？

1. 原子的构成和同位素

（1）原子的构成

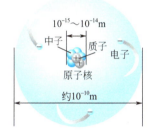

图1-1　原子结构示意图

原子是由位于原子中心的带正电荷的原子核和核外带负电荷的电子构成（见图1-1）。原子很小，原子核更小，它的半径是原子的万分之一。原子核是由质子和中子构成。表1-1列出了构成原子的微粒和性质。

表1-1　构成原子的微粒和性质

粒子的种类	电性	质量	相对质量
质子	1个单位正电荷	1.6726×10^{-27} kg	1.007
中子	不带电	1.6749×10^{-27} kg	1.008
电子	1个单位负电荷	9.041×10^{-31} kg	1/1836

（1）原子中有带电的微粒，为什么原子不显电性？

（2）原子的质量主要集中在哪些微粒上？

如果忽略电子的质量，将原子核内所有质子和中子的相对质量取近似整数值，加起来所得的数值称为质量数。用符号 A 表示。

构成原子的微粒数之间存在如下关系：

核电荷数（Z）＝质子数＝核外电子数

质量数（A）＝质子数（Z）＋中子数（N）

原子的组成可以表示如下：

原子 $\begin{cases} \text{原子核} \begin{cases} \text{质子} Z \text{个} \\ \text{中子} (A-Z) \text{个} \end{cases} \\ \text{核外电子} Z \text{个} \end{cases}$ 　　$^{\pm a}_{}\text{X}^{b\pm \text{离子电荷}}_{c\text{原子个数}}$ 质量数A 质子数Z 化合价

根据构成原子的各种微粒数之间的关系,求质量数为40、核外电子数为18的氢原子的核电荷数、质子数和中子数?

(2)同位素

元素是具有相同核电荷数(即质子数)的同一类原子的总称。即同种元素原子具有相同的质子数,那么,它们的中子数、质量数是否相同呢?科学研究证明,同种元素原子的原子核中,中子数、质量数不一定相同。例如,氢元素就有三种不同的原子,见表1-2。

表1-2 氢元素的三种原子构成

名称	符号	俗称	质子数	中子数	电子数	质量数
氕	$_1^1H$或H	氢(普通氢)	1	0	1	1
氘	$_1^2H$或D	重氢	1	1	1	2
氚	$_1^3H$或T	超重氢	1	2	1	3

这种具有相同质子数,而中子数不同的同种元素的不同原子互称为同位素。大多数天然元素都有同位素。

> 同位素原子间质子数相同,中子数、质量数不同。
> 同一元素的各种同位素化学性质几乎完全相同。
> 同位素是同种元素的不同种原子,使用同一元素符号。

知识窗 — 放射性同位素的应用

保存食物

研究化学反应机理

育种

肿瘤的放射治疗

2. 核外电子的排布规律

原子中的电子在原子核外作高速运动。在含有多个电子的原子中,各个电子的能量并不相同。通常能量低的在离核较近的区域运动,能量较高的电子在离核较远的区域运动,即核外电子按能量的高低由内至外分层排布。

(1)电子层

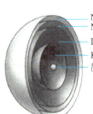

N层
M层
L层
K层
原子核

能量最低、离核最近的电子层叫第一电子层(电子层序数为$n=1$),也叫K层;能量稍高,离核稍远的叫第二电子层($n=2$),也叫L层,以此类推,由近及远的叫第三、四、五、六、七层($n=3$,$n=4$,$n=5$,$n=6$,$n=7$),也可依次叫M、N、O、P、Q层。

你能从表1-3中归纳出原子核外电子排布的一些规律吗?

表1-3 核电荷数1～18的元素原子的电子层排布

核电荷数	元素名称	元素符号	各电子层的电子数		
			K	L	M
1	氢	H	1		
2	氦	He	2		
3	锂	Li	2	1	
4	铍	Be	2	2	
5	硼	B	2	3	
6	碳	C	2	4	
7	氮	N	2	5	
8	氧	O	2	6	
9	氟	F	2	7	
10	氖	Ne	2	8	
11	钠	Na	2	8	1
12	镁	Mg	2	8	2
13	铝	Al	2	8	3
14	硅	Si	2	8	4
15	磷	P	2	8	5
16	硫	S	2	8	6
17	氯	Cl	2	8	7
18	氩	Ar	2	8	8

(2) 核外电子排布规律

从表1-3中,可以看出核外电子排布是有规律的:

① 各电子层最多可容纳的电子数为$2n^2$,即K层最多可容纳2个电子;L层最多可容纳8个电子;M层最多可容纳18个电子等。

② 最外层电子数不超过8个(K层为最外层时不超过2个);次外层电子数不超过18个,倒数第三层电子数不超过32个。

原子核外的电子排布可用原子结构示意图表示。例如,铝的原子结构示意图如图1-2所示。

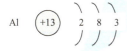

图1-2 铝原子的结构示意图

小圈和圈内数字分别表示原子核和核内质子数;弧线表示电子层,弧线上的数字表示该层的电子数。

画出核电荷数分别为8、11、17、18的元素的原子结构示意图。

3. 电子式和离子

(1) 电子式

元素的化学性质主要由原子的最外层电子数决定,常用小黑点(或×)来表示元素原子最外层上的电子。例如：

最外层有几个电子元素符号周围就有几个小"·"或几个"×"。

（2）离子

原子或原子团得、失电子后形成的带电微粒称为离子。带正电荷的离子叫阳离子，如钠离子（Na^+）。带负电荷的离子叫阴离子，如氯离子（Cl^-）。

离子也是构成物质的一种微粒。离子与原子的结构及带电状况是不同的，如图1-3和图1-4所示。

图1-3　钠原子的结构示意图　　　　图1-4　钠离子的结构示意图

① 通常情况离子比原子更稳定，原子和离子在一定条件下可以相互转化。

② 元素符号右上方表示离子电荷的性质及数值，如S^{2-}表示硫离子带2个单位的负电荷；Mg^{2+}表示镁离子带2个单位的正电荷。

③ 一些常见的离子及符号

钠离子 Na^+　　　　铜离子 Cu^{2+}　　　　亚铁离子 Fe^{2+}

铁离子 Fe^{3+}　　　　铵根离子 NH_4^+　　　氢氧根离子 OH^-

氯离子 Cl^-　　　　硫酸根离子 SO_4^{2-}　　硝酸根离子 NO_3^-

练习与实验

填表

名称	符号	结构示意图	电子式
镁原子			
镁离子			
氯原子			
氯离子			

化学史话

道尔顿（John Dalton，1766—1844）英国化学家、物理学家、近代化学之父。1766年9月6日生于坎伯雷，1844年卒于曼彻斯特。1793年，道尔顿任曼彻斯特新学院数学和自然哲学教授，1816年选为法国科学院通讯院士，1822年选为皇家学会会员。1826年道尔顿被英国政府授予英国皇家学会的第一枚金质奖章。道尔顿在化学领域的主要贡献有：1801年提出气体分压定律；1803年提出原子学说；1807年，发现倍比定律；推导并用实验证明倍比定律；最先从事测定原子量工作，提出用相对比较的办法求取各元素的原子量，并发表第一张原子量表；建议用简单的符号来代表元素和化合物的组成。此外，道尔顿在气象学、物理学上的贡献也十分突出。如测定水的密度和温度变化关系和气体热膨胀系数等。

任务二　解读元素周期律和元素周期表

知识与能力

> - 了解元素周期律。
> - 掌握元素周期表的结构及周期和族的特性。
> - 掌握主族元素性质的递变规律。
> - 能用元素性质的递变规律判断和比较元素及其化合物的性质。

 元素的性质和元素的核电荷数是密切相关的，那么它们之间有什么内在联系呢？

> 人们按核电荷数由小到大的顺序给元素编号，这种序号叫做该元素的原子序数。
> 原子序数=核电荷数

1. 元素周期律

元素的性质随着原子序数的递增而呈现出周期性变化的规律叫做元素周期律。

> - 元素的原子半径随着原子序数的递增而呈现出周期性的变化。
> - 元素的化合价随着原子序数的递增呈现周期性的变化。
> - 元素原子的核外电子排布呈现周期性的变化。

人们已经发现了一百多种元素，为了寻找一种简单明了的形式揭示各元素性质之间的内在联系，科学家们在元素周期律的基础上创造出多种形式的元素周期表。其中最常用是长式周期表（见书后元素周期表）。

2. 元素周期表的结构

（1）周期

元素周期表中有7行，一行为一个周期，即共有7个周期。其中1、2、3为短周期，4、5、6为长周期，第7周期为不完全周期。每一行的电子层数相同，即周期的序数就是该元素原子具有的电子层数。

> 周期序数=电子层数

> - 镧系元素：第6周期中性质及其相似的元素，^{57}La ～ ^{71}Lu 15种。
> - 锕系元素：第7周期中性质及其相似的元素，^{89}Ac ～ ^{103}Lr 15种。

（2）族

周期表有18列，除8、9、10这3列合称为第Ⅷ B族外，其余15列，每一列构成一族。族又分为A族和B族，习惯上把A族称为主族，把B族称为副族。有短周期元素和长周期元素共同构成的族，叫做A族，共8个A族，记作ⅠA，ⅡA，…，Ⅷ A。

> A族序数=最外层电子数

完全由长周期元素构成的族,叫做B族,共有8个B族,记作ⅠB、ⅡB、…、ⅧB。

> A族的别名:ⅠA"碱金属族";ⅡA"碱土金属族";ⅢA"硼族";ⅣA"碳族";ⅤA"氮族";ⅥA"氧族";ⅦA"卤素族"。
>
> 过渡元素:8个B族元素位于周期表的中部,共10列68种元素,习惯上被称为过渡元素,它们分属于第4周期到第7周期。过渡元素都是金属元素,它们的单质叫做过渡金属。它们原子的最外层电子数不超过2个,容易失去电子,显示金属元素的性质。

查阅元素周期表,指出下列元素在周期表中的位置:
(1)钾_____ (2)镁_____ (3)氯_____ (4)氩_____
(5)铁_____ (6)铜_____ (7)氮_____ (8)溴_____

3. A族元素性质的递变规律

(1)元素的金属性和非金属性

从表1-4和表1-5中找出11～17号元素金属性和非金属性的变化情况。

表1-4 11～13号元素性质的变化

金属元素性质	$_{11}Na$	$_{12}Mg$	$_{13}Al$
单质和水(或酸)的反应情况	跟冷水剧烈反应	跟沸水反应放H_2;跟酸剧烈反应放出H_2	酸较为迅速反应放出H_2
最高价氧化物对应水化物碱性	NaOH强碱	$Mg(OH)_2$中强碱	$Al(OH)_3$两性氢氧化物

表1-5 14～17号元素性质的变化

性质	$_{14}Si$	$_{15}P$	$_{16}S$	$_{17}Cl$
最高价氧化物	SiO_2	P_2O_5	SO_3	Cl_2O_7
最高价氧化物的水化物	H_2SiO_3	H_3PO_4	H_2SO_4	$HClO_4$
酸性强弱	弱酸	中强酸	强酸	最强酸
	酸性逐渐增强 →			
单质与H_2反应条件	高温	加热	加热	点燃或光照
气态氢化物及稳定性	SiH_4	PH_3	H_2S	HCl
	稳定性逐渐增强 →			

一般地说,在周期表中,同一A族元素从下到上,同一周期中的A族元素从左到右都存在这样的变化规律:元素的金属性逐渐减弱,非金属性逐渐增强(见图1-5)。

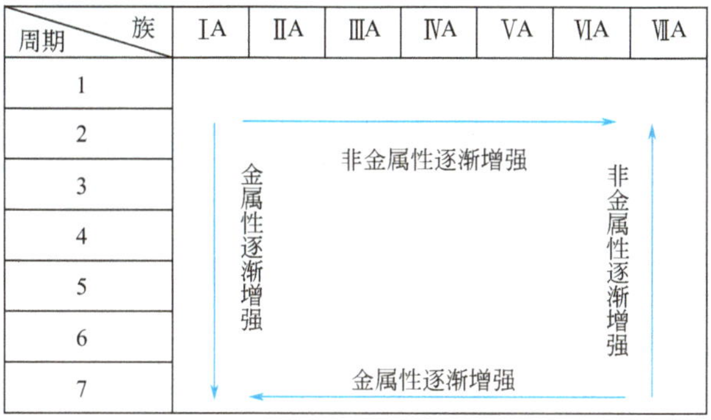

周期\族	ⅠA	ⅡA	ⅢA	ⅣA	ⅤA	ⅥA	ⅦA
1							
2							
3							
4							
5							
6							
7							

金属性逐渐增强 ← → 非金属性逐渐增强
非金属性逐渐增强 ↓
金属性逐渐增强 ←

图1-5 A族元素金属性和非金属性的递变

根据元素周期表中主族元素性质的递变规律，试分析：
（1）非金属元素在周期表的什么区域？金属元素在周期表的什么区域？为什么？
（2）周期表中哪一种元素的金属性最强？哪一种元素的非金属性最强（用红字表示的放射性元素除外）？［周期表中用红字表示的是放射性元素，不能稳定存在］

（2）主族元素化合价的递变

元素的化合价与原子的电子层结构，特别是与最外层电子数目有密切的关系。一般把能够决定化合价的电子（参加化学反应的电子）叫做价电子。主族元素原子的最外层电子都是价电子。表1-6列出了主族元素主要化合价和气态氢化物、最高价氧化物及其水化物的通式。

表1-6　A族元素主要化合价和气态氢化物、最高价氧化物及其水化物的通式

族序数	ⅠA	ⅡA	ⅢA	ⅣA	ⅤA	ⅥA	ⅦA
主要化合价	+1	+2	+3	+4 -4	+5 -3	+6 -2	+7 -1
气态氢化物				RH_4	RH_3	H_2R	HR
最高价氧化物	R_2O	RO	R_2O_3	RO_2	R_2O_5	RO_3	R_2O_7
最高价氧化物水化物	ROH	$R(OH)_2$	$R(OH)_3$	H_2RO_3	H_3RO_4	H_2RO_4	HRO_4

最高正价＝主族序数＝价电子数
负价＝最高正价−8

已知元素R的原子核外电子层结构为

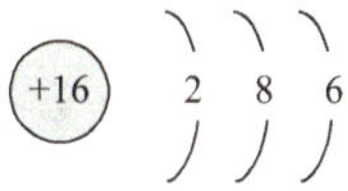

（1）试确定元素R处于周期表中哪一周期，哪一族？
（2）写出它的最高价氧化物的化学式和该氧化物的对应水化物的化学式。

（3）该水化物呈碱性还是酸性？

（4）元素R能否形成气态氢化物？若能写出它的化学式，并与HCl比较哪一个更稳定。

元素周期表的应用

知识窗

元素周期表是元素周期律的具体表现形式。

元素周期表是学习和研究化学的重要工具。科学工作者在元素周期律的指导下，对元素的性质进行了研究，推动了物质结构理论的发展。

元素周期表对工农业生产也具有一定的指导作用。由于在周期表中位置靠近的元素性质相似，这就启发人们在周期表中一定的区域内寻找新的物质。例如，人们在金属和非金属的分界线附近寻找半导体材料；在B族中寻找催化剂以及耐高温、耐腐蚀的合金材料；农药中常含有氯、硫、磷等元素，这些元素都位于周期表的右上角，通过对这个区域的元素化合物进行研究，有助于找到对人畜安全的高效农药。

元素性质、原子结构和该元素在周期表中的位置有密切的关系。人们可以根据元素在周期表中的位置，推测它的原子结构和性质，也可以根据元素的原子结构推测它在周期表中的位置。

任务三 了解物质的结构

知识与能力

- 掌握离子键、共价键的概念及形成条件。
- 能用电子式表示化合物的形成过程。
- 会判断化学键的类型和物质的类型。

物质的种类非常之多，而构成物质的元素仅有100多种，这是为什么呢？

1. 化学键

人在地球上生活，能不能自动脱离地球去宇宙的任意一个地方？

不能！

因为地球对人有吸引力。

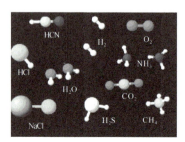

同样，原子之间能自动结合是因为它们之间存在着相互作用。这种相互作用不仅存在于直接相邻的原子之间，而且也存在于分子的非直接相邻的原子之间。这种相邻的两个或多个原子之间强烈的相互作用，叫做化学键，化学键使100多种元素的原子构成了世界的万物。化学键的主要类型有离子键、共价键和金属键。

（1）离子键

氯原子和钠原子为什么能自动结合成氯化钠？

我们来看下面的反应：

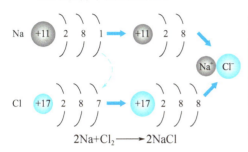

从原子结构看，钠原子的最外层上有1个电子，容易失去，氯原子最外层上有7个电子，容易得到1个电子。所以，在钠原子和氯原子相互作用时，氯原子从钠原子上得到1个电子，都成了最外层是8个电子的稳定结构，并且分别成了带正电荷的钠离子（Na^+）和带负电荷的氯离子（Cl^-）。

钠离子和氯离子之间由于静电作用相互吸引，相互靠近，而电子和电子、原子核和原子核之间存在相互排斥作用，当吸引和排斥作用达到平衡时，阴、阳离子之间就形成了稳定的化学键。这种阴、阳离子间通过静电作用所形成的化学键叫做离子键。

氯化钠的形成过程可用电子式表示：

$$Na\cdot + \cdot\ddot{\underset{..}{Cl}}: \longrightarrow Na^+[:\ddot{\underset{..}{Cl}}:]^-$$

活泼的金属（如钾、钙、钠等）和活泼的非金属(如氯、溴、氧等）化合时，都能形成离子键。

用电子式表示$CaBr_2$、Na_2O的形成过程。

以离子键结合而成的化合物叫做离子化合物。绝大多数的盐、碱和金属氧化物是离子化合物。在常温、常压下，离子化合物一般都是晶体。在离子化合物的晶体中，阴、阳离子按一定规律在空间排列。一般离子晶体有较高的熔点和沸点，硬度较高，密度较大，难以压缩。

（2）共价键

活泼金属和活泼非金属原子间易形成离子键，那么非金属原子间又会通过怎样的作用结合呢？

我们来看下面的反应：

$$H_2+Cl_2 \longrightarrow 2HCl$$

19

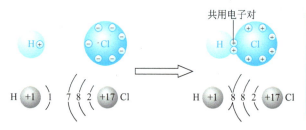

氯化氢分子形成过程中,电子不是从氢原子转移到氯原子上,而在氢、氯原子间形成共用电子对,使氢、氯原子都达到了稳定结构。

原子间通过共用电子对而形成的化学键叫做共价键。

氯化氢分子的形成过程可表示为:

$$H\cdot + \cdot\ddot{C}\ddot{l}: \longrightarrow H:\ddot{C}\ddot{l}:$$

在化学上常用一根短线表示一对共用电子对,因此,氯化氢的构造式可表示为H—Cl。

① 非极性共价键:同种原子形成的共价键,简称非极性键。如H—H键、Cl—Cl键。

② 极性共价键:不同种原子形成的共价键,简称极性键。如HCl分子中,H—Cl键,H_2O分子中的H—O键也是极性键。

③ 化合物中键的类型不一定是单一的。如在NaOH中,Na^+和OH^-之间是离子键,而OH^-中H、O原子之间是共价键。

指出下列物质中所含的化学键类型:
NH_4Cl, HNO_3, KOH, MgS, Cl_2

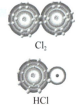

非金属元素原子之间一般都是通过共用电子对形成共价键而结合在一起的。分子中原子之间全部是共价键的分子叫做共价分子。HCl、H_2O、NH_3、CH_4等是共价化合物分子;H_2、Cl_2等同种原子形成的共价单质分子,它们都是共价分子。

2. 分子的极性

任何分子都是由带正电荷的核和带负电荷的电子组成的。对于每一种电荷来讲,可看成与物体的质量一样,有一重心,即假定电荷集中于一点。我们把分子中正负电荷集中的点分别称为"正电荷中心"和"负电荷中心"。分析各种分子,发现有的正负电荷中心重合,有的不重合,我们把正负电荷中心重合的分子叫非极性分子,正负电荷中心不重合的分子叫极性分子。

- 非极性分子:以非极性键结合的分子都是非极性分子。如H_2、O_2、Cl_2等。
- 极性分子:以极性键结合的双原子分子都是极性分子。如HCl等。
- 由极性键组成的多原子分子,可能是极性分子也可能是非极性分子,这取决于分子中各个极性键的空间方向。如果各个极性键的空间方向是对称的,就是非极性分子,如CO_2、CH_4等。如果各个极性键的空间方向不对称的就是极性分子,如NH_3、H_2O等。

3. 分子间的作用力

(1) 分子间力

为什么气体在一定的条件下，可以凝聚成液体甚至凝聚成固体？

在共价分子中，除了原子间存在着强烈的共价键作用外，分子之间还存在着比化学键弱得多的相互吸引的作用。这种相互吸引的作用叫分子间力。1873年，荷兰物理学家范德华注意到这种力的存在并进行研究，所以人们称分子间的力为范德华力。正是这种分子间的相互作用，大量分子聚集成气体、液体或固体。

分子间力一般包括：色散力、诱导力和取向力。非极性分子间的作用力是色散力；极性分子和非极性分子间的作用力有诱导力和色散力；极性分子间的作用力有取向力、诱导力和色散力。

分子间力的大小对物质的熔点、沸点、溶解度等物理性质有一定的影响。分子间的力越大，物质的熔点、沸点就越高。一般来说，组成和结构相似的物质，随着相对分子质量的增大，其分子间力也增大，熔点、沸点也随之升高。

(2) 氢键

(1) 根据组成和结构相似的物质，随着相对分子质量的增大，其分子间力也增大，熔点、沸点也随之升高的规律，试比较 NH_3 和 PH_3、H_2O 和 H_2S、HF 和 HCl 的熔沸点高低。

(2) 查出 NH_3 和 PH_3、H_2O 和 H_2S、HF 和 HCl 的熔沸点分别为多少？

相对分子质量较小的 NH_3、H_2O、HF 出现了熔点、沸点较高的反常现象，是由于这些分子间除了上面所述的分子间力以外，还存在一种特殊的分子间作用力，这就是氢键。

水分子中的氢键

在水分子中，由于氧原子吸引电子的能力很强，H—O 键极性很强，共用电子对强烈偏向氧原子一端，氢原子的电子被氧原子吸引，几乎成了完全带正电的质子。这个氢原子和另一水分子中的氧原子之间产生静电引力（O—H⋯O）。这种静电引力就是氢键。

① 氢键的形成：当氢原子与吸引电子能力很强的元素（如 F、O、N）的原子结合时，它还能与另一分子中吸引很强、带负电荷的原子之间产生静电吸引力。

② 分子间有氢键时，分子的熔点、沸点较同类物质高。

③ 如果溶质分子和溶剂分子之间能形成氢键，则溶质在溶剂中的溶解度将增大。如 NH_3 极易溶于水。

④ 氢键不是化学键，是一种特殊的分子间作用力。氢键可以在分子间形成，也可以在分子内形成。氢键的存在十分普遍，如水、醇、氨基酸、蛋白质等都存在氢键。

查阅有关资料，说明氢键对生物体有何影响？

形形色色的晶体

知识窗

氯化钠、金刚石和干冰等都是晶体。晶体具有整齐规则的几何外形和固定的熔点等性质。

离子化合物形成的晶体是离子晶体，它们是由阴、阳离子通过离子键结合而成的。离子晶体一般比较稳定，密度较大，具有较大的硬度和较高的熔、沸点。大多数离子晶体易溶于水，而难溶于某些有机溶剂，在熔融状态或在水溶液中能导电，但在固态时不能导电。属于离子晶体的物质通常有活泼金属的盐、碱和氧化物等。

各相邻原子间都以共价键结合而成的具有空间网状结构的晶体叫做原子晶体。原子晶体很硬，熔点很高。如金刚石是最典型的原子晶体，它是自然界中最硬的物质（它的硬度定为10，其他各种物质都以此为标准相对而定），熔点高达3843K。常见的原子晶体还有可做半导体元件的硅和锗，以及金刚砂（SiC）和石英（SiO_2）等。

以分子间作用力互相结合的晶体叫做分子晶体。共价分子都可以形成分子晶体。如干冰（CO_2）、冰（H_2O）、NH_3、HCl、I_2、单质硫、白磷（P_4）以及冰醋酸、萘（$C_{10}H_8$）等物质在固态时都是分子晶体。分子晶体的硬度较小，熔点、沸点较低，挥发性大，在常温下多数以气态或液态存在。分子晶体不管是以固态、还是液态都不导电。它们都是性能较好的绝缘材料。

任务四　了解化学实验室

1. 熟悉实验室的基本设施

实验室基本设施见表1-7。

表1-7　实验室基本设施

设　备	使用说明
手提式灭火器	手提式灭火器对扑灭初起火灾效果明显。在使用时应先除去铅封，拔下保险销，而后一手握紧喷管，另一手捏紧压把，喷嘴对准火焰根部扫射

续表

设 备	使用说明
 洗眼器	洗眼器可用于眼部和面部的紧急冲洗。使用时取下洗眼器，握住手柄对准眼部，按下手柄并推上按钮可持续出水，推下按钮并松开手柄则可关水压把
 防护眼镜	防护眼镜可防护颗粒物喷溅、防护化学物质飞溅和防止有害光线的伤害。镜片保养和清洁应该以水洗为主，千万不要用干布去直接擦！这样很容易损伤镜片
 防毒面具	使用防毒面具时，应由下巴处向上佩戴，再适当调整头带，戴好面具后用手掌堵住滤毒盒进气口用力吸气，面罩与面部紧贴不产生漏气，则表明面具已经佩戴气密
 喷淋器	喷淋器用于全身淋洗。受伤者站在喷头下方，拉下阀门拉手，喷淋之后立即上推阀门拉手使水关闭

2. 认识实验室的常用仪器

实验室的常用仪器见表1-8。

表1-8　常用仪器

仪 器	使用说明	仪 器	使用说明
 试管	常用作常温或加热条件下少量试剂的反应器，也可用来收集少量气体	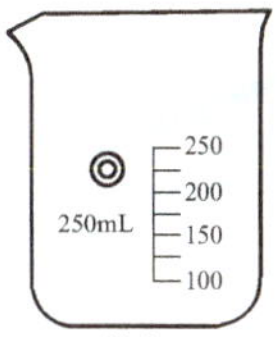 烧杯	常用于大量物质的反应容器，也可用于配制溶液、代替水浴锅用作水浴。加热时烧杯底部要垫石棉网
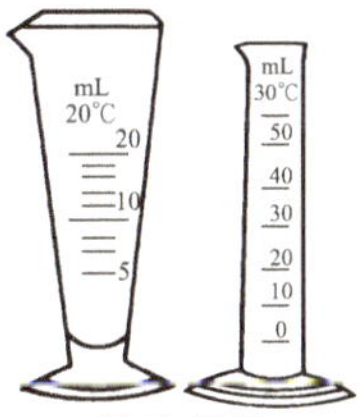 量杯　量筒	用于量取一定体积的液体。使用时不可加热；不可量取热的液体或溶液；不可用作反应容器	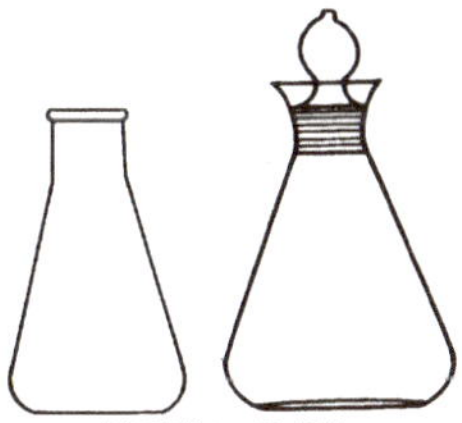 锥形瓶　碘量瓶	用作反应容器、接收容器、滴定容器和液体干燥器等。加热时应垫石棉网
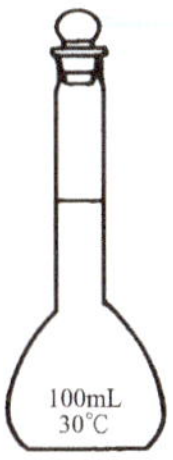 容量瓶	用于配制准确浓度的溶液。不能加热；不能代替试剂瓶储存溶液	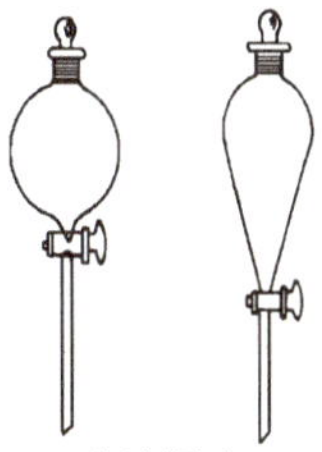 分液漏斗	用于液体的洗涤、萃取和分离，也可用于滴加液体。不用时应在塞子和旋塞处垫上纸片

续表

仪　器	使用说明	仪　器	使用说明
漏斗	用于过滤沉淀或倾注液体	滴瓶	用于盛放少量液体试剂或溶液。滴管不能吸得太满或倒置
广口瓶	磨口瓶用于储存固体试剂，广口瓶通常作集气瓶使用	细口瓶	用于盛放液体试剂或溶液
蒸发皿	用于蒸发和浓缩液体。液体量最多不可超过三分之二	布氏漏斗	用于减压过滤，常与抽滤瓶配套使用
抽滤瓶	用于减压过滤，上口接布氏漏斗，侧嘴接真空泵。不能加热	酒精灯	用于一般加热。酒精量不超过三分之二
干燥器	分上下两层，下层放干燥剂，上层放需干燥物品。红热物品待稍冷后才可放入	圆底烧瓶	在常温或加热条件下作反应容器。不可直接加热
球形冷凝管	用于回流装置	直形冷凝管	用于普通蒸馏装置
试管架	用于放置试管	试管夹	用于夹持试管

3. 知晓实验室的健康、安全和环境（HSE）守则

① 自愿接受HSE教育培训，增强自我保护意识，做到"不伤害自己、不伤害他人、不被他人所伤害"。

② 了解实验室水、电、气总开关的位置和安全通道，熟悉实验室的主要设施及布局，学会相关安全设施的使用方法。

③ 必须穿实验服，戴防护镜或自己的近视眼镜，长发必须扎短或藏于帽内。

④ 在使用腐蚀性、有毒、易燃、易爆试剂之前，必须仔细阅读有关安全说明。

⑤ 使用或产生危险和刺激性气体、挥发性有毒化学品的实验必须在通风柜中进行。

⑥ 严禁将任何灼热物品直接放在实验台上，严禁随意混合化学药品。

⑦ 实验室所有的药品不得携带出室外，用剩的有毒药品要还给指导教师，一切废弃物必须放在指定的废物收集器内。

⑧ 在化学实验室进行实验必须严肃、认真。实验后，吃饭前，必须洗手。

⑨ 一旦出现实验事故必须立即报告指导老师，及时处理。

⑩ 实验结束后要做好仪器的清洗、试剂的摆放归位及其他清洁工作，待指导老师检查后，方可离开实验室。

4. 活动内容

① 学会洗眼器、喷淋器、灭火器等安全设施的使用。

② 初级救护的训练（止血、现场包扎等）。

③ 仪器的清点与认领。

阅读材料

人类未来的新能源——氦-3

氦-3（^{3}He）是无色、无味、无臭的稳定的氦气同位素气体，储存于气瓶中的高压气体，天然氦-3含量是1.38×10^{-6}。在自然界，存在着^{3}He和^{4}He两种同位素。^{4}He的原子核有两个质子和两个中子，称为玻色子；而^{3}He只有一个中子，称为费米子。20年代30年代末期，卡皮查发现^{4}He的超流动性。20世纪70年代，戴维·李领导的康奈尔低温小组首次发现了^{3}He的超流动性，不久，其他的研究小组也证实了他们的发现。

"氦-3"是一种目前已被世界公认的高效、清洁、安全、廉价的核聚变发电燃料。根据科学统计表明，10t氦-3就能满足我国一年所有的能源需求，100t氦-3便能提供全世界使用一年的能源总量。但氦-3在地球上的蕴藏量很少，目前人类已知的容易取用的氦-3全球仅有500kg左右。而根据人类已得出的初步探测结果表明，月球地壳的浅层内竟含有上百万吨氦-3。月球是解决地球能源危机的理想之地。开发利用月球土壤中的氦-3将是解决人类能源危机的极具潜力的途径之一。我国探月工程的一项重要计划，就是对月球氦-3含量和分布进行一次由空间到实地的详细勘察，为人类未来利用月球核能奠定坚实的基础。

项目小结

1. 原子构成
   - 原子核（质子和中子）
   - 核外电子
2. 元素周期表
   - 结构：7个周期和16个族
   - 主族元素性质递变规律
3. 化学键
   - 离子键——静电作用
   - 共价键——共用电子对

复习题

一、填空题

1. 具有相同核电荷数的同一类原子的总称是_____。

2. 由同种元素组成的不同单质互称为_____。

3. 具有相同质子数和不同中子数的同种元素的原子互称为_____。

4. $^{27}_{13}Al$ 的原子中有____个质子，有____个中子，有____个核外电子，其原子的质量数是_____。

5. $^{12}_{6}C$，$^{14}_{6}C$，$^{14}_{7}N$，$^{16}_{8}O$ 其中：

（1）互为同位素的是_____；

（2）质量数相等但质子数不等的是_____；

（3）中子数相等但质子数不等的是_____。

6. 元素周期表有_____个行，即_____个周期。其中第1、2、3叫_____周期，第____周期叫长周期，第7周期称为_____周期。

7. 元素周期表有_____列，有_____个族。其中主族有_____个，副族有_____个。族的序数一般用_____数字表示。主族元素在序数的后面可用字母_____表示，副族元素用___字母表示。"ⅧA"族元素原子最外层电子数已达_____稳定结构，它们都是_____元素。

8. 第3周期元素的原子核外有_____电子层。钠原子半径比氯原子半径_____。主要原因是它们的电子层数相同，但随着原子序数的递增，原子最外层电子数_____，原子核对外层电子吸引力逐渐增强，原子半径_____，原子得电子能力_____，元素金属性_____，化合价从_____价上升到_____价。

9. 第3周期元素中，元素金属性最强的是_____，原子半径最小的是_____，单质与水反应最剧烈的是_____，最高价氧化物对应的水化物酸性最强的酸是_____，最高价氧化物是两性氧化物的是_____。气态氢化物最稳定的化学式是_____。

10. 氢氧化钠的碱性比氢氧化镁_____，氢氧化镁的碱性比氢氧化铝_____，氢氧化钠的碱性比氢氧化锂_____，氢氧化钠的碱性比氢氧化钾_____，这说明同一周期从左到右，元素最高价氧化物对应水化物的碱性是_____的，同一主族从上到下，最高价氧化物对应水化物的碱性是_____的。

11. 硫酸酸性比磷酸_____，因为在同一周期的元素，从左到右的非金属性_____，所以它们的最高氧化物对应的水化物的酸性_____。根据氢气与卤素反应的条件推测，同一主族从上到下元素的非金属性_____，气态氢化物稳定性_____。

12. 钠原子最外层有_____个电子，氯原子最外层有_____个电子。在钠和氯反应中钠原子易_____个电子，形成_____价的钠离子，氯原子易_____个电子，形成_____价的氯离子。在氯化钠中钠离子和氯离子之间存在着强烈的_____，称为_____键。氯化钠的电子式_____。

13. 氯化氢分子形成中，氢原子和氯原子各以最外层的_____个电子组成一对_____，这对电子在两个原子核外的空间运动，使两个原子的最外层都达到_____结构。氯化氢分子中的化学键称为_____键。

14. 下列物质 NaOH、H_2S、CaO、Cl_2 中只有离子键的_____，既有离子键又有共价键的_____，只有共价键的_____。

15. 一种元素原子的M电子层上有5个电子。它的原子共有_____电子，分布在_____个电子层上，最外电子层上有_____个电子。它位于_____周期_____族，气态氢化物的电子式是_____，最高氧化物的水化物的化学式是_____。

二、选择题

1. 元素 ^{81}R 的原子核中有46个中子，R^- 的核外电子数是（　　）。

A. 34　　　　　B. 35　　　　　C. 36　　　　　D. 46

2. 下列说法中正确的是（　　）。

A. 同种元素的原子和离子的化学性质相同

B. 质子数相同的原子一定属于同种原子

C. 离子化合物只存在离子键

D. 离子化合物必定存在离子键，也可能存在共价键

3. 跟氖原子具有相同电子层结构的一组离子是（　　）。

A. F^-、Cl^-　　B. Na^+、Al^{3+}　　C. K^+、Cl^-　　D. Mg^{2+}、S^{2-}

4. 下列各组气态氢化物稳定性顺序正确的是（　　）。

A. HI>HBr>HCl　　B. H_2O>H_2S>HCl　　C. HF>HCl>H_2S　　D. SiH_4>PH_3>NH_3

5. 下列各组酸的酸性强弱顺序中错误的是（　　）。

A. $HClO_4$>$HBrO_4$>HIO_4　　　　　B. H_2SO_4>H_3PO_4>H_2SiO_3

C. H_3PO_4>H_2SiO_3>H_2CO_3　　　D. HNO_3>H_3PO_4>H_3AlO_3

6. A和B原子的最外电子层上分别有3个电子和6个电子。它们相互形成化合物的化学式是（　　）。

A. AB　　　　B. AB_2　　　　C. A_2B　　　　D. A_2B_3

7. 下列微粒中最外层电子最多的是（　　）。

A. Na^+　　　　B. S　　　　C. H　　　　D. Al

三、下列哪些物质是以离子键结合的？哪些物质是以共价键结合的？并用电子式表示 NaCl、$CaBr_2$、NH_3、I_2 的形成过程。

NaCl　　MgO　　NH_3　　CO_2　　KF　　H_2　　$CaBr_2$　　I_2

项目二　化学基本量及其计算

学习指南

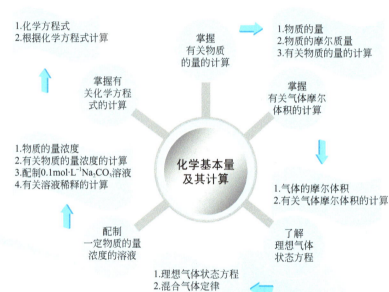

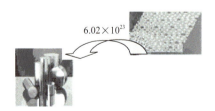

物质是由原子、分子、离子等微观粒子构成的，物质之间的化学反应是按一定的数量关系进行的；而在化学实验或在化工生产中，所用的药品或原料是可以称量的。因此，科学上用"物质的量"这一物理量把一定数目的肉眼看不见的微观粒子与可称量的宏观物质联系起来。

任务一　掌握有关物质的量的计算

知识与能力

> - 了解物质的量与微观粒子数之间的关系，知道阿伏加德罗常数。
> - 知道摩尔质量在数值上的特点，掌握相关计算。
> - 学会物质的量、物质的摩尔质量与物质质量之间的计算。

分子、原子很小，一滴水中含有大量的水分子。那么我们怎样来表示分子、原子的个数呢？

1. 物质的量

（1）物质的量及其单位

物质的量是表示物质基本单元数目多少的物理量，用符号 n 表示，单位是摩尔（mol）。基本单元可以是原子、分子、离子、电子或这些微粒的特定组合体等。

1mol 物质中究竟含有多少基本单元数呢？

1mol 任何物质所含的基本单元数与 12g ^{12}C 所含的原子数目相等。实验测得，12g ^{12}C 含有阿伏加德罗常数个碳原子，用符号 N_A 表示，N_A=6.02×10^{23}mol^{-1}。

例如：1mol 的碳原子含有 6.02×10^{23} 个碳原子

　　　1mol 的氧分子含有 6.02×10^{23} 个氧分子

　　　1mol 的氢离子含有 6.02×10^{23} 个氢离子

如果某物质中所含的基本单元数与阿伏加德罗常数相等，则这种物质的量就是 1mol。用摩尔表示时，必须指明基本单元名称（如原子、分子、离子等）。

（2）物质的量与基本单元数之间的关系

物质的量与物质的基本单元数 N 成正比，即：

$$n=\frac{N}{N_A}$$

（1）2×6.02×10^{23} 个水分子相当于_____mol 水分子？

（2）0.1mol H_2 中，含有_____mol H 原子？

（3）1mol N_2 和 1mol H_2 所含的分子数是否相等？

2. 物质的摩尔质量

物质的量与物质的质量之间有什么联系呢？

1mol的物质所具有的质量叫做该物质的摩尔质量,用符号M表示,单位是$g·mol^{-1}$。从摩尔定义可知,1mol ^{12}C原子的质量是12g,即它的摩尔质量$M(C)=12g·mol^{-1}$。由此可以推知:任何物质的摩尔质量在以$g·mol^{-1}$为单位时,数值上等于其基本单元化学式相对式量。

例如:氧气的摩尔质量是$M(O_2)=32g·mol^{-1}$,水的摩尔质量是$M(H_2O)=18g·mol^{-1}$,氢氧根离子的摩尔质量是$M(OH^-)=17g·mol^{-1}$。

电子的质量极其微小,失去或得到的电子质量可以忽略不计。

物质的量、物质的质量和摩尔质量之间的关系可用下式表示:

$$n=\frac{m}{M}$$

3. 有关物质的量的计算

通过物质的量可以把单个的肉眼看不见的微粒和可称量的物质紧密地联系起来。

$$n=\frac{N}{N_A}=\frac{m}{M}$$

【例2-1】 计算90g水中(1)物质的量是多少?(2)含有多少个水分子?(3)含多少摩尔氢原子和氧原子?

解 $n(H_2O)=\dfrac{m}{M}=\dfrac{90g}{18g·mol^{-1}}=5mol$

$N(H_2O)=n(H_2O)N_A=5mol×6.02×10^{23}mol^{-1}=3.01×10^{24}$(个)

$n(H)=2×n(H_2O)=2×5mol=10mol$

$n(O)=1×n(H_2O)=1×5mol=5mol$

答:90g水的物质的量是5mol,含有$3.01×10^{24}$个水分子,含有10mol氢原子和5mol氧原子。

【例2-2】 0.5mol NaOH的质量是多少克?

解 $m(NaOH)=n(NaOH)M(NaOH)=0.5mol×40g·mol^{-1}=20g$

答:0.5mol NaOH的质量是20g。

【例2-3】 多少克铁和3g碳的原子数相同?

解 由题可知,$n(Fe)=n(C)$

$$\frac{m(Fe)}{M(Fe)}=\frac{m(C)}{M(C)}$$

$$\frac{m(Fe)}{56g·mol^{-1}}=\frac{3g}{12g·mol^{-1}}$$

$$m(Fe)=14g$$

答:14g铁和3g碳的原子数相同。

练习与实践

(1)0.5mol的H_3PO_4中含氢原子、磷原子、氧原子各多少摩尔?

(2)19.6g硫酸的物质的量是多少?

(3)多少克H_2S与8.8g CO_2所含的分子数目相同?

化学史话

阿伏加德罗（Avogadro Amedeo，1776—1856）

意大利化学家。1776年8月9日生于都灵，1856年7月9日卒于都灵。1792年入都灵大学学习法学，1796年获法学博士学位。1800年起，开始研究物理学和数学，1809年任韦尔切利大学哲学教授，1820年任都灵大学数学和物理学教授，1819年当选为院士。他还担任过意大利度量衡学会会长，由于他的努力，使公制在意大利得到推广。

阿伏加德罗在化学上的重大贡献是建立分子学说。现在，大家都认识到分子论和原子论是个有机联系的整体。然而在阿佛加德罗提出分子论后的50年里，人们的认识并非如此。原子这一概念及其理论被多数化学家所接受，关于分子的假说却遭到冷遇。经过50年曲折经历的化学家们经过冷静地研究和思考，终于承认阿佛加德罗的分子假说。现在，阿佛加德罗定律已被全世界科学家所公认。阿伏加德罗数是1mol物质所含的分子数，其数值是 6.0221367×10^{23}，是自然科学的重要的基本常数之一。

任务二 掌握有关气体摩尔体积的计算

知识与能力

> 理解标准状况及气体摩尔体积的概念。
> 学会有关气体摩尔体积的计算。

1mol任何物质含有相同的基本单元数，那么它们的体积是否也相同呢？

（1）计算298K时1mol下列固态或液态物质的体积

物质	摩尔质量/g·mol^{-1}	密度/g·mol^{-1}	摩尔体积/L·mol^{-1}
Fe	56	7.8	
Al	27	2.7	
H_2O	18	1.0	
H_2SO_4	98	1.84	

（2）计算298K、101325Pa时，1mol下列气态物质的体积

气体	摩尔质量/g·mol^{-1}	密度/g·mol^{-1}	摩尔体积/L·mol^{-1}
H_2	2.016	0.0899	
N_2	28.01	1.2507	
O_2	32.00	1.429	
CO_2	44.01	1.964	

1. 气体的摩尔体积

在标准状况下，1mol任何气体所占的体积都约是22.4L，这个体积叫做气体摩尔体积。

用符号 $V_{m,0}$ 表示，单位是 $L \cdot mol^{-1}$；即 $V_{m,0}=22.4 L \cdot mol^{-1}$。

把273.15K（0℃）、101325Pa时的状况称为标准状况（STP）。

① 热力学温度　$T=(t+273.15)K$。

② 压力　$p=101325Pa=1atm=760mmHg$。

标准状况下气体的摩尔体积、气体占有的体积（V_0，常用单位L）、物质的量三者之间的关系是：

$$V_{m,0}=\frac{V_0}{n}$$

在同温同压下，相同体积的任何气体都含有相同数目的分子，这就是阿伏加德罗定律。同温同压下，n愈大，则分子数愈多，气体的体积就愈大。

在标准状况下，比较$2gH_2$和$2gO_2$的体积大小？

2. 有关气体的摩尔体积的计算

标准状况下，气体的体积与物质的量、质量、基本单元数的关系：

$$n=\frac{N}{N_{(A)}}=\frac{m}{M}=\frac{V_0}{V_{m,0}}$$

【例2-4】5.5g氨气在标准状况下的体积是多少升？

解

$$\frac{m}{M}=\frac{V_0}{V_{m,0}}$$

$$\frac{5.5g}{17g \cdot mol^{-1}}=\frac{V_0}{22.4L \cdot mol^{-1}}$$

$$V_0=7.2L$$

答：5.5g氨气在标准状况下的体积是7.2L。

【例2-5】在标准状况下，测得0.96g某气体的体积是336mL，求该气体的式量。

解

$$\frac{m}{M}=\frac{V_0}{V_{m,0}}$$

$$\frac{0.96g}{M}=\frac{0.336L}{22.4L \cdot mol^{-1}}$$

$$M=64g \cdot mol^{-1}$$

因为物质的摩尔质量在数值上等于其式量，故该气体的式量为64。

（1）$17.6g CH_4$、CO_2在标准状况下各占多少升？

（2）在标准状况下，多少克CO_2与$9.6g O_2$所占的体积相同？

（3）标准状况时，100mL某种气体的质量是0.196g，那么该气体的式量为多少？

知识窗　　影响物质体积的因素

为什么1mol固体、液体的体积各不相同，而1mol气体在标准状况下所占有的体积都相同呢？这主要是因为气体分子间有较大的距离。在通常情况下，气体分子间的平均距离（约4×10^{-9}m）是分子直径（约4×10^{-10}m）的10倍左右。由此可知，气体体积主要取决于分子间的平均距离，而不像液体或固体那样，体积取决于微粒的大小。由于在同温、同压下，不同气体分子间的平均距离几乎是相等的，所以，在标准状况下，1mol不同气体所占的体积都相等，都约为22.4L。

任务三　了解理想气体状态方程

知识与能力

> 掌握理想气体状态方程，并会运用理想气体状态方程进行计算。
> 知道混合气体定律，能运用混合气体分压定律进行计算。

 气体的体积随温度、压力的变化而变化，那么通常用哪些物理量来描述一定量气体所处的状态呢？

1. 理想气体状态方程

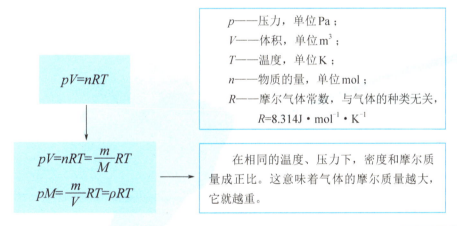

理想气体是一种假想气体，实际并不存在，它只是一种科学的抽象。但可以把低压、高温下的气体近似地看作理想气体，并且压力越低就越接近理想气体。

你知道氢气球为什么在空气中能上升呢？

【例2-6】某氧气钢瓶的容积为30.00L，当温度为25℃时，测得瓶内的压力为1.013×10^{7}Pa，试计算钢瓶内氧气的物质的量和质量。

解　$V=30L=0.03m^3$，$T=273.15+25=298.15K$，$p=1.013\times10^{7}$Pa

根据理想气体状态方程：

$$n=\frac{pV}{RT}=\frac{1.013\times10^7\text{Pa}\times0.03\text{m}^3}{8.314\text{J}\cdot\text{mol}^{-1}\cdot\text{K}^{-1}\times298.15\text{K}}=122.6\text{mol}$$

$$m=nM=122.6\text{mol}\times32\text{g}\cdot\text{mol}^{-1}=3923.2\text{g}$$

在一体积为40 L的钢瓶中盛有温度为25℃、压力为12.5MPa的N_2，当钢瓶中N_2压力降为10.0MPa时所用去的N_2的质量是多少？

2. 混合气体定律

在日常生活和工业生产中遇到的气体绝大多数是混合气体。例如人类赖以生存的空气是氧气、氮气、氩气和二氧化碳等气体的混合物，硫酸生产中焙烧硫铁矿得到的是二氧化硫、氧和氮等气体的混合物。

混合气体中的某组分单独存在，并具有与混合气体相同的温度和体积时所产生的压力，称为该组分的分压力。

1802年，英国科学家道尔顿（J.Dalton）提出了混合气体的分压定律：混合气体的总压力p等于其中各组成气体分压力之和。这一定律的数学表示式为：

$$p=p_1+p_2+\cdots=\sum p_i$$

> i代表混合气体中的任一组分；p_i为任一组分的分压力；p为总压力。

混合气体中某组分i的分压可根据理想气体状态方程求得

$$p_i=\frac{n_iRT}{V}$$

则p_i与p之比为n_i/n

令

$$\frac{n_i}{n}=y_i$$

则

$$p_i=y_ip$$

y_i称为该组分的摩尔分数。

【例2-7】某密闭容器中含有0.15mol H_2、0.05mol N_2和0.2mol NH_3。计算在100kPa压力下，H_2、N_2、NH_3各气体的分压。

解 $n=n(H_2)+n(N_2)+n(NH_3)=0.15\text{mol}+0.05\text{mol}+0.2\text{mol}=0.4\text{mol}$

$$p_i=y_ip=\frac{n_i}{n}p$$

$$p(H_2)=\frac{n(H_2)}{n}p=\frac{0.15\text{mol}}{0.4\text{mol}}\times100\times10^3\text{Pa}=37.5\times10^3\text{Pa}$$

$$p(N_2)=\frac{n(N_2)}{n}p=\frac{0.05\text{mol}}{0.4\text{mol}}\times100\times10^3\text{Pa}=12.5\times10^3\text{Pa}$$

$$p(NH_3)=p-p(H_2)-p(N_2)$$
$$=100\times10^3\text{Pa}-37.5\times10^3\text{Pa}-12.5\times10^3\text{Pa}=50\times10^3\text{Pa}$$

在2L容器里装有N_2、H_2，容器内混合气体的压力为30kPa，温度为27℃，其中$n(N_2)$为0.02mol，那么H_2的物质的量是多少？H_2的分压是多少？

任务四　配制一定物质的量浓度的溶液

知识与能力

> - 理解物质的量浓度的概念，会运用相关公式进行简单计算。
> - 会配制一定物质的量浓度的溶液。

 你知道表示溶液浓度的方法有哪些吗？

1. 物质的量浓度

溶液的浓度常用质量分数来表示，但在实际生产和科研中，更多的用物质的量浓度来表示。单位体积溶液中所含溶质的物质的量叫做溶质的物质的量浓度，简称浓度，用符号c表示，单位是$mol·L^{-1}$，相关公式为：

$$c = \frac{n}{V}$$

2. 有关物质的量浓度的计算

（1）已知m、V，求c

【例2-8】将23.4g NaCl溶于水配制成200mL的溶液，求该溶液的浓度？

解

$$n = \frac{m}{M} = \frac{23.4g}{58.5g·mol^{-1}} = 0.4mol$$

$$c = \frac{n}{M} = \frac{0.4mol}{0.2L} = 2mol·L^{-1}$$

答：该溶液的浓度为$2mol·L^{-1}$。

（2）已知c、V，求m

【例2-9】配制500mL $0.1mol·L^{-1}$的NaOH溶液，需要称取多少克NaOH？

解

$$n = cV = 0.1mol·L^{-1} \times 0.5L = 0.05mol$$

$$m = nM = 0.05mol \times 40g·mol^{-1} = 2g$$

答：需要称量NaOH 2g。

（3）物质的量浓度c、质量分数w之间的换算

$$c = \frac{1000\rho w}{M}$$

【例2-10】质量分数为0.37，密度为1.19g/mL的HCl溶液的物质的量浓度是多少？

解

$$c = \frac{1000\rho w}{M} = \frac{1000 \times 1.19 \text{g} \cdot \text{mL}^{-1} \times 0.37}{36.5 \text{g} \cdot \text{mol}^{-1}} = 12.06 \text{mol} \cdot \text{L}^{-1}$$

答：HCl溶液的物质的量浓度是12.06mol·L^{-1}。

（1）将4gNaOH溶于水配制成250mL的溶液，求该溶液的物质的量浓度是多少？

（2）配制0.5mol·L^{-1}的CuSO$_4$溶液200mL，需要多少克胆矾(CuSO$_4$·5H$_2$O)？

3. 配制0.1mol·L^{-1} Na$_2$CO$_3$溶液

仪器和药品

容量瓶（500mL）、烧杯（250mL）、量筒（100mL）、玻璃棒、胶头滴管，托盘天平、药匙、称量纸等。

操作过程

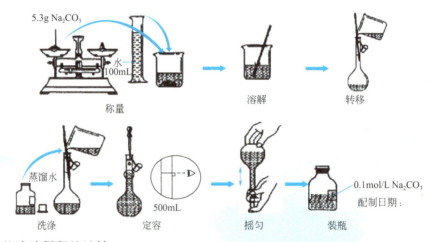

4. 有关溶液稀释的计算

在溶液稀释过程中哪些量没有发生变化呢？

在溶液中加入溶剂后，溶液的体积增大而浓度减小的过程，叫做溶液的稀释。溶液稀释后，溶液的质量、体积和浓度都发生了变化，但溶质的量保持不变。即：

$$m_1 = m_2 \quad n_1 = n_2 \quad c_1V_1 = c_2V_2$$

注意：应用此公式时，c_1和c_2，V_1和V_2各自必须用同一单位。

【例2-11】实验室要配制3mol·L^{-1}的H$_2$SO$_4$溶液3L，需要18mol·L^{-1}的H$_2$SO$_4$溶液多少毫升？

解

$$c_1V_1 = c_2V_2$$

$$18\text{mol} \cdot \text{L}^{-1} \, V_1 = 3\text{mol} \cdot \text{L}^{-1} \times 3$$

$$V_1 = 0.5\text{L} = 500\text{mL}$$

答：需要18mol·L^{-1}的H$_2$SO$_4$溶液500mL。

（1）欲将100mL 1.5mol·L^{-1} NaOH溶液稀释至500mL，问该溶液浓度变为多少？

（2）将密度为1.19g·mL^{-1}，质量分数为0.37的浓盐酸25mL稀释成2L。

①求25mL浓盐酸的浓度？②求稀释后的浓度？

任务五　掌握有关化学方程式的计算

知识与能力

- 知道化学方程式的意义，能正确书写化学方程式。
- 学会有关化学方程式的计算。

想一想　化学方程式的含义是什么？

1. 化学方程式

用化学式来表示化学反应的式子叫化学方程式。它既表达了化学反应中各物质的质和量的变化，又体现这些物质间量的关系。

	N_2	+	$3H_2$	$\longrightarrow$	$2NH_3$
分子数之比	1		3		2
物质的量之比	1mol		3mol		2mol
物质的质量之比	1×28g		3×2g		2×17g
标准状况下气体体积之比	1×22.4L		3×22.4L		2×22.4L

2. 根据化学方程式计算

根据化学方程式计算的解题步骤

解　① 设未知数

② 正确写出化学方程式

③ 写出相关物质的已知量、未知量

④ 列出比例，求解

⑤ 简明写出答案

【例2-12】 实验室用65g锌跟足量的稀硫酸反应，求需消耗多少克硫酸，生成多少摩尔硫酸锌，氢气多少升（标准状况下）？

解　设需消耗硫酸xg，生成硫酸锌$y$mol，氢气zL。

$$Zn + H_2SO_4 \longrightarrow ZnSO_4 + H_2\uparrow$$

$$65g \quad\quad 98g \quad\quad 1mol \quad\quad 1\times 22.4L$$

$$65g \quad\quad x \quad\quad y \quad\quad z$$

$$\frac{65g}{65g\cdot mol^{-1}}=\frac{98g}{x} \quad\quad \frac{65g}{65g\cdot mol^{-1}}=\frac{1mol}{y} \quad\quad \frac{65g}{65g\cdot mol^{-1}}=\frac{22.4L}{z}$$

$$x=98g \quad\quad\quad y=1mol \quad\quad\quad z=22.4L$$

答：需消耗硫酸98g，生成硫酸锌1mol，氢气22.4L。

> 注意：计算时各物质的单位不一定都要统一，但同种物质的单位必须一致。
> 即上下一致，左右相当。

【例2-13】中和50mL 0.2 mol·L^{-1}的NaOH溶液，需要1 mol·L^{-1}的H$_2$SO$_4$溶液多少毫升？

解 设需要xL 1mol·L^{-1}的H$_2$SO$_4$溶液。

$$2NaOH + H_2SO_4 \longrightarrow Na_2SO_4 + 2H_2O$$

$$\begin{array}{cc} 2mol & 1mol \\ 0.2mol \cdot L^{-1} \times 0.050L & 1mol \cdot L^{-1} \times x \end{array}$$

$$\frac{2mol}{0.2mol \cdot L^{-1} \times 0.050L} = \frac{1mol}{1mol \cdot L^{-1} \times x}$$

$$x = 0.005L = 5mL$$

答：需要1mol·L^{-1}的H$_2$SO$_4$溶液5mL。

【例2-14】工业上用煅烧石灰石来生产生石灰。问：

（1）若煅烧质量分数为0.9的石灰石3t，能得到多少吨生石灰？

（2）若实际生产得到1.45t，生石灰的产率是多少？

解 （1）设能得到CaO的质量为x

$$CaCO_3 \xrightarrow{煅烧} CaO + CO_2 \uparrow$$

$$\begin{array}{cc} 100t & 56t \\ 3t \times 0.9 & x \end{array}$$

$$\frac{100t}{3t \times 0.9} = \frac{56t}{x}$$

$$x = 1.51t$$

（2）CaO的产率 $= \dfrac{1.45t}{1.45t} \times 100\% = 96\%$

答：能得到生石灰1.51t，CaO的产率是96%。

利用化学方程式计算所得的是产品的理论产值。由于实际生产中原料不纯或操作过程中的损耗等原因，产品的实际产量总是低于理论产量，原料的实际消耗量总是高于理论用量。

> 原料的利用率=理论消耗量/实际消耗量×100%
> 产品产率=实际产量/理论产量×100%

（1）在实验室里使稀盐酸与锌反应，在标准状况时生成氢气3.36L，计算需要消耗稀盐酸和锌的物质的量各为多少？

（2）把含CaCO$_3$质量分数为0.9的大理石100g与足量的盐酸反应（杂质不反应），在标准状况下，能生成CO$_2$多少毫升？

（3）中和4g NaOH，用去了25mL的盐酸，这种盐酸的物质的量浓度是多少？

阅读材料

过量计算

在生产上，往往采取使用一种过量的原料而使有害的或价格昂贵的原料充分反应。在实际生产中，这类反应的原料和产品的量怎样计算呢？

例 某化工厂生产盐酸，每天耗用氯气42.6t，氢气1.45t，问该厂理论上最多能生产31%的盐酸多少吨？

分析：本题已知两种反应物的量，根据化学反应中量的关系来分析，可能有两种情况。如果两者的量符合反应比例则反应物都恰好完全反应；如果其中之一超过了反应需要的量，过量的反应物就不会参加反应。

解（1）反应物过量判断

已知消耗氯气：

$$n(Cl_2)=\frac{42.6\times 10^6 g}{71 g\cdot mol^{-1}}=6.00\times 10^5 mol$$

消耗氢气：

$$n(H_2)=\frac{1.45\times 10^6 g}{2 g\cdot mol^{-1}}=7.25\times 10^5 mol$$

根据化学方程式 $H_2 + Cl_2 \longrightarrow 2HCl$

可知，$n(H_2)=n(Cl_2)$，现$n(H_2)>n(Cl_2)$，

所以氢气过量，过量的氢气不参加反应。所以用氯气的量来计算。

（2）求盐酸的产量

$n(HCl)=6.00\times 10^5 mol\times 2 = 1.2\times 10^6 mol$

$m(HCl)=1.2\times 10^6 mol\times 36.5 g\cdot mol^{-1}=43.8\times 10^6 g=43.8 t$

每天能生产31%的盐酸的质量：

$m=43.8 t\div 0.31=141 t$

答：每天生产31%的盐酸141t。

项目小结

1. 物质的量及计算

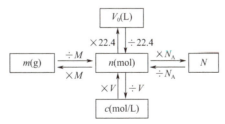

2. 理想气体
   - 理想气体状态方程：$pV=nRT$
   - 混合气体：$p=p_1+p_2+\cdots+p_i$
     $p_i=y_i p$

复习题

一、填空题

1. 5mol CO_2 的质量是_____；在标准状况下所占的体积约为_____；所含的分子数目约为_____；所含氧原子的数目约为_____。

2. 在9.5g某二价金属的氯化物中含有0.2mol Cl^-，此氯化物的摩尔质量为_____，该金属元素的相对原子质量为_____。

3. 在氯化物 ACl_3 中，A元素与氯元素的质量比为1：3.94，则A的相对原子质量为_____。

4. 28g N_2 与22.4L（标准状况）CO_2 相比，所含分子数目_____。1.5mol上述两种气体相比，质量大的是_____。

5. 在标准状况下，5.6L氢气的物质的量为_____，所含的氢分子数为_____。

6. 等质量的 O_2 和 O_3 所含的分子个数比为_____，原子个数比为_____，在相同状况下的体积比为_____。

7. 在400mL 2mol·L^{-1} H_2SO_4 溶液中，溶质的质量是_____。此溶液中 H^+ 的物质的量浓度为_____，SO_4^{2-} 的物质的量浓度为_____。

8. 配制浓度为0.5mol·L^{-1} NaOH溶液1000mL，需要称取固体NaOH的质量是_____。取该溶液20mL，其物质的量浓度为_____，物质的量为_____，溶质的质量是_____。

9. 配制500mL 1mol·L^{-1} HNO_3 溶液，需要16mol·L^{-1} HNO_3 溶液的体积是_____。

10. 将4mL质量分数为37%、密度为1.19g·mL^{-1} 的盐酸加水稀释到200mL，稀释后溶液中盐酸的物质的量浓度为_____。

二、选择题

1. 在下列各组物质中，所含分子数目相同的是（　）。
   A. 10g H_2 和 10g O_2　　　　　　　B. 9g H_2O 和 0.5mol Br_2
   C. 5.6L N_2（标准状况）和 11g CO_2　　D. 224mL H_2（标准状况）和 0.1mol N_2

2. 相同质量的镁和铝所含的原子个数比为（　）。
   A. 1：1　　　　B. 24：27　　　　C. 9：8　　　　D. 2：3

3. 3.2g某气体中所含的分子数目约为 $3.01×10^{22}$，此气体的摩尔质量为（　）。
   A. 32g　　　　B. 32g·mol^{-1}　　　　C. 64mol　　　　D. 64g·mol^{-1}

4. 在下列物质中，与6g $CO(NH_2)_2$ 的含氮量相同的物质是（　）。
   A. 0.1mol $(NH_4)_2SO_4$　　　　　　B. 6g NH_4NO_3
   C. 22.4L NO_2（标准状况）　　　　D. 0.1mol NH_3

5. 等质量的 SO_2 和 SO_3（　）。
   A. 所含氧原子的个数比为2：3　　　B. 所含硫原子的个数比为1：1
   C. 所含氧元素的质量比为5：6　　　D. 所含硫元素的质量比为5：4

6. 在相同条件下，A容器中的 H_2 和B容器中的 NH_3 所含的原子数目相等，则两个容器的体积比为（　）。
   A. 1：2　　　　B. 1：3　　　　C. 2：3　　　　D. 2：1

7. 在相同体积、相同物质的量浓度的酸中，必然相等的是（　）。
   A. 溶质的质量　　B. 溶质的质量分数　　C. 溶质的物质的量　　D. 氢离子的物质的量

8. 密度为1.84 g·mol^{-1}质量分数为0.98的浓硫酸的物质的量浓度是（　　）。

A. 18.8mol·L^{-1}　　　B. 18.4mol·L^{-1}　　　C. 18.4mol　　　D. 18.8mol

9. 物质的量浓度相同的NaCl、MgCl$_2$、AlCl$_3$三种溶液，当溶液的体积比为3∶2∶1时，三种溶液中Cl$^-$的物质的量浓度之比为（　　）。

A. 1∶1∶1　　　B. 1∶2∶3　　　C. 3∶2∶1　　　D. 3∶4∶3

10. 物质的量相同的镁和铝跟足量的盐酸反应，生成的H$_2$在标准状况下的体积比是（　　）。

A. 1∶1　　　B. 2∶3　　　C. 3∶2　　　D. 65∶27

三、判断题

1. 某物质如果含有阿伏加德罗常数个基本单元,则该物质的质量就是1mol。（　　）

2. 标准状况下，1mol任何物质所占的体积都约为22.4L。（　　）

3. 标准状况下，体积相同的任何气体所含分子数都相同，即物质的量相同。（　　）

4. 22.4L O$_2$中一定含有6.02×10^{23}个氧原子。（　　）

5. 将80g NaOH溶于1L水中，所得溶液中NaOH的物质的量浓度为2mol·L^{-1}。（　　）

6. 18g H$_2$O在标准状况下的体积是0.018L。（　　）

7. 在标准状况时，20mL NH$_3$跟60mL O$_2$所含的分子个数比为1∶3。（　　）

8. 硫酸的摩尔质量是98。（　　）

9. 71g氯相当于2mol氯。（　　）

10. 2mol HCl与Na$_2$CO$_3$完全反应，能生成18g水。（　　）

四、计算题

1. 标准状况下，（1）1.4g CO与多少克CO$_2$所占的体积相同？

（2）3.36L SO$_2$与多少克H$_2$S所含分子数相同？

2. 在标准状况下，2.24L的某气体质量是3.2g，计算该气体的相对分子质量。

3. 容器内装有温度为37℃、压力为1MPa的O$_2$100g，由于容器漏气经过若干时间后压力为原来的一半，试计算：（1）容器的体积是多少？（2）漏出氧气多少？

4. 配制0.2mol·L^{-1}的KOH溶液200mL，需要称取多少克KOH固体？

5. 欲配制0.25mol·L^{-1}的稀硝酸500mL，需多少毫升6 mol·L^{-1}的浓硝酸？

6. 将密度为1.19g/mL，质量分数为0.37的浓盐酸25mL，稀释成5L。

求（1）25mL浓盐酸的浓度；（2）稀释后的浓度？

7. 配制500g质量分数为14.6％的盐酸，需要标准状况下HCl气体的体积是多少？

8. 中和20g NaOH，需要多少毫升0.5mol·L^{-1}的硫酸？

9. 加热催化100g氯酸钾，在标准状况下可得多少升氧气？

10. 实验室里用锌跟足量的稀硫酸反应制得氢气。若要制得500mL（标准状况）氢气，需要多少摩尔锌？要消耗多少克20％的硫酸？

11. 用黄铁矿生产硫黄。黄铁矿中FeS$_2$的质量分数为0.80，经隔绝空气加热，生产1t硫黄，理论上需要多少吨黄铁矿？如实际生产中用去4.8t，问原料的利用率是多少？（提示：FeS$_2$⟶FeS+S）

项目三　化学反应速率和化学平衡

学习指南

文物的腐蚀

节日焰火

我们知道化学反应有快有慢，如文物的腐蚀、溶洞的形成等比较慢，而神舟六号载人飞船点火升空、节日放烟火等瞬间就能完成。为什么不同的化学反应有快有慢，甚至是同一个化学反应，当条件不同时，反应的快慢也有很大差异呢？

任务一 探究影响化学反应速率的因素

知识与能力

> 了解化学反应速率的概念及表示方法。
> 认识浓度、压力、温度和催化剂等对化学反应速率的影响。
> 能分析生活、生产中有关化学反应速率的问题。

想一想 在日常生活中，哪些化学反应比较快，哪些化学反应比较慢？

1. 化学反应速率

在化学反应中通常用单位时间内反应物浓度的减少或生成物浓度的增加来表示化学反应速率，反应速率的单位可用 $mol·L^{-1}·h^{-1}$、$mol·L^{-1}·min^{-1}$、$mol·L^{-1}·s^{-1}$ 等表示。

在一定条件下，由氮气和氢气反应来合成氨，经测定各物质的浓度如下表。分别以氮气、氢气和氨气浓度的变化，计算反应进行5min时，$v(N_2)$、$v(H_2)$、$v(NH_3)$ 的数值是否相等？它们的比值是多少？与化学方程式中各物质前面的系数之比有什么关系？

参加反应的物质	N_2	H_2	NH_3
起始浓度$/mol·L^{-1}$	1.00	1.00	1.00
5min后浓度$/mol·L^{-1}$	0.90	0.70	0.80
速率 $v/mol·L^{-1}·min^{-1}$			

2. 探究影响化学反应速率因素

能否改变条件使一个进行得较慢的反应变快，使一个进行得比较快的反应变慢呢？

化学反应速率的快慢，首先决定于反应物的性质。其次，浓度、温度、压力、催化剂等外界条件对反应速率也有较大影响。

（1）浓度对反应速率的影响

实验活动

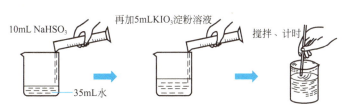

将溶液变蓝所需的时间填入下面表格中，并用同样方法依次按下表进行实验。

43

实验序号	NaHSO₃/mL	H₂O/mL	KIO₃淀粉溶液/mL	溶液变蓝时间/s
1	10	35	5	
2	10	30	10	
3	10	25	15	
4	10	20	20	
5	10	15	25	

结论_____

（2）压力对反应速率的影响

对于气体来说，当温度一定时，一定量的气体的体积与其所受的压力成反比，如图3-1所示。因此，改变压力的实质是改变了反应物的浓度。增大压力，反应物浓度增大，化学反应速率加快，减小压力，反应物浓度减小，化学反应速率减慢。

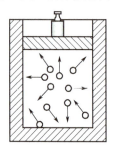 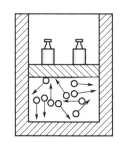

图3-1　压力对反应速率的影响

如果参加化学反应的物质是固体或液体，由于改变压力对它们体积改变的影响很小，因此可以认为压力与它们的反应速率无关。

（3）温度对反应速率的影响

实验活动

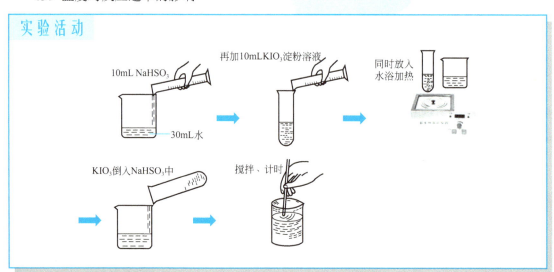

将溶液变蓝所需的时间填入下面表格中,并用同样方法再比室温高10℃和比室温低10℃下进行反应,结果填入下表。

实验序号	NaHSO₃/mL	H₂O/mL	KIO₃ 淀粉溶液/mL	实验温度/℃	淀粉变蓝时间/s
1	10	30	10	室温	
2	10	30	10		
3	10	30	10		

结论_____

  交流与讨论

电冰箱为什么可以保存食物呢?

(4)催化剂对反应速率的影响

实验活动

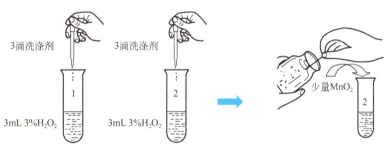

在两支试管分别加入3mL质量分数为3%的H_2O_2溶液和3滴洗涤剂,向其中一支试管中加入MnO_2粉末。观察两支试管中的反应现象。

实验现象_____

结论_____

凡能改变化学反应速率而它本身的组成、质量和化学性质在反应前后保持不变的物质叫做催化剂。在催化剂作用下,反应速率发生变化的现象叫催化作用。能增大反应速率的催化剂叫正催化剂,如上述实验中的MnO_2。减小反应速率的催化剂叫阻催化剂,如橡胶中的防老剂。如没有特殊说明,都是指正催化剂。催化剂在工业上也叫触媒。

影响反应速率的外部因素很多,除了温度、浓度、压力、催化剂外,还有反应物颗粒大小、光、电磁波、超声波、激光、放射线、扩散速度及溶剂的性质等。

化学基础

> **酶催化剂**
>
> **知识窗**
>
> 　　酶是一种高效的生物催化剂。生物体内的复杂的代谢反应是仰仗各种酶催化剂来进行的,酶催化剂的效能比非酶催化剂一般高十万倍以上,如：用酸作催化剂水解淀粉成葡萄糖,需耐受245～294kPa的压力和140～150℃的高温及强酸才能完成。但在细胞内,这些化学反应可在极短的瞬间,并且是温和的条件下达到化学反应的平衡,这是因为生物体内含有一种高效生物催化剂——酶。而且酶催化无需高温高压,只在通常条件下就能起到催化作用。因而将酶催化用于工业生产已经成为当前研究的重要课题。

　　在一块大理石（主要成分为$CaCO_3$）上,先后滴加1mol·L^{-1}和0.1mol·L^{-1}的HCl溶液,_____mol·L^{-1}的HCl溶液反应较快,理由是_____；假如先后滴加同浓度的热盐酸和冷盐酸,_____盐酸反应快,理由是_____。

任务二　了解化学平衡及特点

知识与能力

> ➢ 掌握化学平衡的概念及其特点。
> ➢ 知道平衡常数的表达式及特性。
> ➢ 会解释生活中有关平衡的问题。

 反应物是否一定完全转化成产物？

1. 可逆反应

　　在一定条件下,氮气和氢气合成氨气的同时,氨气又分解为氮气和氢气。这种在同一条件下,能同时向两个方向进行的反应,叫可逆反应。用"$\rightleftharpoons$"代替"$\longrightarrow$",通常把化学反应式中向右进行的反应叫正反应；向左进行的反应叫逆反应。

$$N_2 + 3H_2 \rightleftharpoons 2NH_3$$

可以用可逆反应中正反应速率和逆反应速率的变化来说明上面的过程,如图3-2所示。

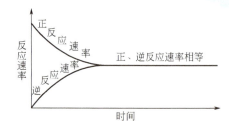

图3-2　在一定条件下的可逆反应中,正反应速率和逆反应速率随时间变化的示意图

2. 化学平衡

　　在一定条件下的可逆反应,正反应和逆反应速率相等,反应体系中各物质的浓度保持不

变的状态叫化学平衡状态（简称化学平衡）。

化学平衡的特点：

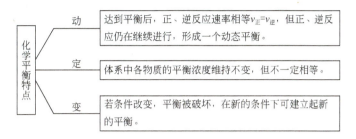

3. 平衡常数

在一定温度下，任何可逆反应：

$$mA+nB \rightleftharpoons pC+qD$$

达到平衡时，生成物浓度系数次幂的乘积与反应物浓度系数次幂的乘积的比值是一个常数，这个常数叫做浓度平衡常数，用 K_c 来表示。即

$$K_c = \frac{[C]^p[D]^q}{[A]^m[B]^n}$$

式中，浓度是指溶液或气体的浓度。

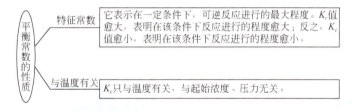

（1）将 1mol N_2 和 3mol H_2 充入一密闭容器中，在一定条件下反应 $N_2+H_2 \rightleftharpoons 2NH_3$ 达到平衡，平衡状态是指 NH_3 的生成速率等于 NH_3 的_____速率。

（2）写出下列可逆反应的平衡常数表达式

① $2NO+O_2 \rightleftharpoons 2NO_2$

② $2NH_3 \rightleftharpoons N_2+3H_2$

③ $CO+H_2O(g) \rightleftharpoons H_2+CO_2$

任务三　探究影响化学平衡移动的因素

知识与能力

> - 掌握浓度、温度、压力等对化学平衡移动的影响。
> - 理解勒夏特列原理的涵义，并能结合实际情况进行应用。

如果改变平衡的条件之一（如浓度、压力、温度等），平衡状态会发生怎样的变化呢？各物质平衡浓度又会发生怎样的改变呢？

1. 化学平衡移动

因外界条件（如浓度、压力、温度等）的改变，使化学反应由原来的平衡状态转变到新的平衡状态的过程，称为化学平衡的移动。

2. 探究影响化学平衡移动的因素

（1）浓度对化学平衡的影响

实验活动

在盛有5mL 0.1mol·L^{-1} K$_2$CrO$_4$的溶液中，逐滴加入1mol·L^{-1} H$_2$SO$_4$。当溶液颜色由黄色变为＿＿＿＿＿＿后，再往试管中滴加 2mol·L^{-1} NaOH，溶液由橙色变为＿＿＿＿＿＿。

化学方程式＿＿＿＿＿＿＿＿＿＿＿＿＿＿＿＿＿＿

结论＿＿＿＿＿＿＿＿＿＿＿＿＿＿＿＿＿＿＿＿

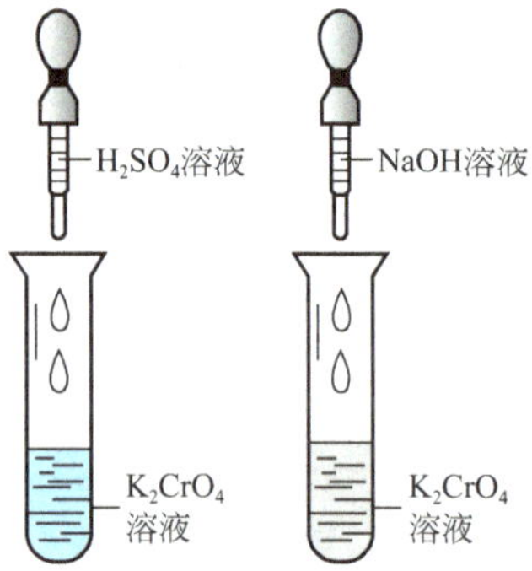

在生产上，往往采用增大容易取得的或成本较低的反应物浓度的方法，使成本较高的原料得到充分利用。例如，在硫酸工业里，常用过量的空气使SO$_2$充分氧化，以生成更多的SO$_3$。

（2）压力对化学平衡的影响

处于平衡状态的有气体参加的化学反应，改变压力也常常使化学平衡发生移动。

实验活动

如图3-3所示用注射器吸入NO$_2$和N$_2$O$_4$的混合气体，吸管端用橡皮塞封闭。先向外拉注射器活塞，观察到管内气体颜色先变＿＿＿＿＿，后逐渐变＿＿＿＿＿；再向内推压注射器活塞，观察到管内气体颜色先变＿＿＿＿＿，后逐渐变＿＿＿＿＿。

化学方程式＿＿＿＿＿＿＿＿＿＿＿＿＿＿＿＿＿＿

结论＿＿＿＿＿＿＿＿＿＿＿＿＿＿＿＿＿＿＿＿

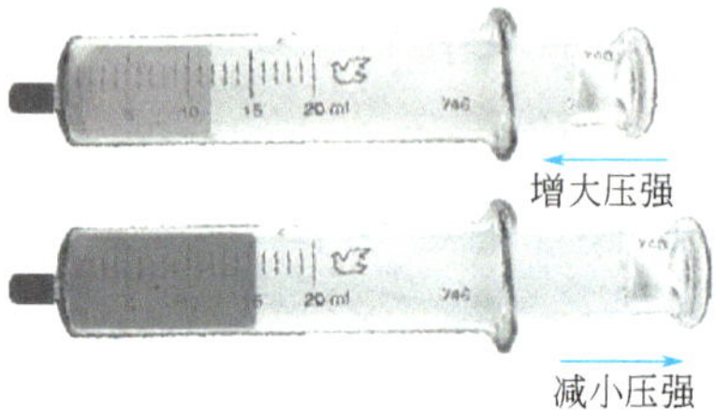

图3-3 压力对化学平衡的影响

对于反应前后气体总分子数相等的可逆反应，改变压力，平衡状态不受影响。

如：CO$_2$+H$_2$ ⇌ CO+H$_2$O(g)，H$_2$+I$_2$(g) ⇌ 2HI 等。

根据压力对化学平衡的影响，在化工生产上，常将某些反应（例如合成氨 $N_2+3H_2 \rightleftharpoons 2NH_3$）在加压下进行，可以提高原料的转化率。

（3）温度对化学平衡的影响

化学反应总是伴随着热量的变化，如果可逆反应正向是放热反应，则其逆向必然是吸热反应。例如：

$$2NO_2 \rightleftharpoons N_2O_4 + Q$$

实 验 活 动

将充有 NO_2 和 N_2O_4 混合气体的双联玻璃球（如图3-4所示）的两端，分别置于盛有冷水和热水的烧杯内，观察气体颜色变化。

实验现象＿＿＿＿＿＿＿＿＿＿＿＿＿＿＿＿＿＿＿＿

化学方程式＿＿＿＿＿＿＿＿＿＿＿＿＿＿＿＿＿＿＿

结论＿＿＿＿＿＿＿＿＿＿＿＿＿＿＿＿＿＿＿＿＿＿

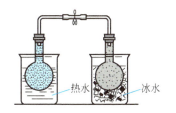

图3-4　温度对化学平衡的影响

催化剂同等程度改变正、逆反应速率，缩短了反应达到平衡的时间，但不能改变平衡状态。

综合各种因素对化学平衡的影响，可得到一条普遍规律：若改变平衡体系中的条件之一（如浓度、压力、温度），平衡就向着能减弱这个改变的方向移动。这个规律叫做勒夏特列原理，也叫平衡移动原理。

勒夏特列原理是一条普遍规律，它对于所有的动态平衡（包括物理平衡）都是适用的。但必须注意：它只能应用在已经达到平衡的体系，对于尚未达到平衡的体系不适用。

练习与实践

（1）$C(S)+CO_2 \rightleftharpoons 2CO-Q$（吸热），达平衡时，增大压力，平衡向＿＿＿＿移动；升高温度，平衡向＿＿＿＿移动，即 CO_2 的转化率＿＿＿＿＿＿＿。

（2）改变化学平衡的条件，指出平衡移动方向

$$N_2+3H_2 \rightleftharpoons 2NH_3+Q（放热）$$

① 增加压力，平衡移动方向：＿＿＿＿＿＿＿＿＿＿＿

② 降低 NH_3 浓度，平衡移动方向：＿＿＿＿＿＿＿＿

③ 加入催化剂，平衡移动方向：＿＿＿＿＿＿＿＿＿＿

④ 降低温度，平衡移动方向：＿＿＿＿＿＿＿＿＿＿＿

⑤ 增加 N_2 浓度，平衡移动方向：＿＿＿＿＿＿＿＿＿

3. 化学反应速率和化学平衡移动原理在化工生产中的应用

化学反应速率与化学平衡是化工生产必然涉及的两个问题，从生产角度总是希望反应速率越快越好，产率越高越好，但实际两者有的时候作用是相同的，有的时候是相互矛盾的，

这就需要综合考虑。下面以合成氨为例来说明。

$$N_2 + 3H_2 \xrightleftharpoons[\text{催化剂}]{\text{高温、高压}} 2NH_3 + Q$$

反应条件对合成氨反应的影响见表3-1。

表3-1 反应条件对合成氨反应的影响

反应条件	对化学反应速率的影响	对平衡混合物中NH_3含量的影响	合成氨条件的选择
增大压力	有利于增大化学反应速率	有利于提高平衡混合物中NH_3的含量	压力增大，有利于氨的合成，但需要的动力大，对材料、设备等要求也高，因此，工业上一般采用20～50MPa的压力
升高温度	有利于增大化学反应速率	不利于提高平衡混合物中NH_3的含量	温度升高，化学反应速率增大，但不利于提高混合物中NH_3的含量，因此合成氨温度要适宜。工业上一般采用500℃左右的温度，在这个温度时，催化剂的活性最大
使用催化剂	有利于增大化学反应速率	没有影响	工业上一般采用铁催化剂，使反应能在较低温度下较快地进行

阅读材料

勒夏特列简介

1850年10月8日勒夏特列（Le chatelier，1850—1936）出生于巴黎的一个化学世家。他的祖父和父亲都从事跟化学有关的事业和企业，当时法国许多知名化学家是他家的座上客。因此，他从小就受化学家们的熏陶，中学时代他特别爱好化学实验，一有空便到祖父开设的水泥厂实验室做化学实验。1875年，他以优异的成绩毕业于巴黎工业大学，1887年获博士学位，随即升为化学教授，1907年还兼任法国矿业部长，在第一次世界大战期间出任法国武装部长，1919年退休。

勒夏特列是一位精力旺盛的法国科学家，他研究过水泥的煅烧和凝固、陶器和玻璃器皿的退火、磨蚀剂的制造以及燃烧、玻璃和炸药的发展等问题。

勒夏特列一生发现、发明众多，最主要的成就是发现了平衡原理，即勒夏特列原理"改变影响平衡的一个条件，如浓度、压力、温度等，平衡就向能够减弱这种改变的方向移动"。这一原理不仅适用于化学平衡，而且适用于一切平衡体系，如物理、生理甚至社会上各种平衡系统。此外，勒夏特列还发明了热电偶和光学高温计，高温计可顺利地测定3000℃以上的高温。他还发明了乙炔氧焰发生器，迄今还用于金属的切割和焊接。

勒夏特列特别感兴趣的是科学和工业之间的关系，以及怎样从化学反应中得到最高的产率。他因于1888年发现了"勒夏特列原理"而闻名于世界。

勒夏特列原理的应用可以使某些工业生产过程的转化率达到或接近理论值，同时也可以避免一些并无实效的方案（如高炉加高的方案），其应用非常广泛。

勒夏特列不仅是一位杰出的化学家，还是一位杰出的爱国者。当第一次世界大战发生时，法国处于危急中，他勇敢地担任起武装部长的职务，为保卫祖国而战斗。

项目小结

1. 化学反应速率
   - 化学反应速率的表示方法
   - 影响化学反应速率的因素
2. 化学平衡
   - 化学平衡的特点
   - 平衡常数
3. 化学平衡移动的影响因素及移动方向
   - 浓度、温度、压力

复习题

一、填空题

1. 化学反应速率通常用单位时间内_____的减少或_____的增加来表示。

2. 在某一反应中，反应物A的浓度在3s内由2.0mol·L^{-1}变成0.5 mol·L^{-1}，在这3s内A的化学反应速率为_____。

3. 影响化学反应速率的外界条件主要是_____、_____、_____、_____，一般地说，当其他条件不变时，_____或_____都可以使化学反应速率增大，而_____只对有气体参加或生成的反应有影响。

4. 凡能改变反应速率，而本身的_____、_____和_____在反应前后保持_____的物质，称为催化剂；能加快反应速率的叫_____。

5. 可逆反应进行到_____的状态时，叫化学平衡。

6. 化学平衡的特征为_____、_____、_____。

7. 影响化学平衡移动的因素有_____、_____、_____等。

8. 在其他条件不变时，使用催化剂只能改变_____，而不能改变_____状态。

9. 容器内有如下可逆反应：$xA+yB \rightleftharpoons zC$ 在一定条件达到平衡。

（1）已知A、B、C都是气体，在减压下平衡向正方向移动，则 x、y、z 的关系是_____。

（2）加热后C的百分含量增加，则正反应为_____热反应。

（3）若A、B、C都是气体，$x+y=z$，那么，增加压力时平衡_____。

10. 对于可逆反应 $2NO_2 \rightleftharpoons N_2O_4$（放热反应），降温能使瓶内颜色变_____。

11. 在一定温度下，下列反应达到平衡：

$$C(s)+H_2O(g) \rightleftharpoons CO(g)+H_2(g)-Q$$

如果升高温度，平衡向_____移动；如果增大压力，平衡向_____移动。

二、选择题

1. 在一定条件下，使NO和O_2在一密闭容器中进行反应，下列说法中不正确的是（　　）。

A. 反应开始时，正反应速率最大，逆反应速率为零

B. 随着反应的进行，正反应速率逐渐减小，最后为零

C. 随着反应的进行，逆反应速率逐渐增大，最后不变

D.随着反应的进行，正反应速率逐渐减小，最后不变

2.对于密闭容器中进行的反应：$2SO_2+O_2 \rightleftharpoons 2SO_3$，如果温度保持不变，下列说法中正确的是（　　）。

A.增加SO_2的浓度，正反应速率先增大，后保持不变

B.增加SO_2的浓度，正反应速率逐渐增大

C.增加SO_2的浓度，平衡常数增大

D.增加SO_2的浓度，平衡常数不变

3.下列说法中正确的是（　　）。

A.可逆反应的特征是正反应和逆反应速率相等

B.在其他条件不变时，升高温度可以使化学平衡向放热反应方向移动

C.在其他条件不变时，增大压力会破坏有气体存在的反应的平衡状态

D.在其他条件不变时，使用催化剂可以改变化学反应速率，但不能改变化学平衡状态

4.对于达到平衡状态的可逆反应：$N_2+3H_2 \rightleftharpoons 2NH_3+Q$，下列叙述中正确的是（　　）。

A.反应物和生成物的浓度相等

B.反应物和生成物的浓度不再发生变化

C.降低温度，平衡混合物中NH_3的浓度减小

D.增大压力，不利于氨的合成

5.将1mol N_2和3mol H_2充入一密闭容器中，在一定条件下反应达到平衡状态，平衡状态是指（　　）。

A.整个体积缩为原来的1/2　　　　　B.正、逆反应速率为零

C.NH_3的生成速率等于NH_3的分解速率　　D.N_2、H_2、NH_3体积比为1∶3∶2

三、写出下列反应的平衡常数表达式

1. $C(s)+CO_2 \rightleftharpoons 2CO$

2. $C(s)+H_2O(g) \rightleftharpoons CO+H_2$

3. $H_2+CuO(s) \rightleftharpoons Cu(s)+H_2O(g)$

四、计算题

1.已知可逆反应$CO+H_2O(g) \rightleftharpoons CO_2+H_2$在一定温度下达到平衡时，$[CO]=0.025mol \cdot L^{-1}$、$[H_2O]=0.225mol \cdot L^{-1}$、$[CO_2]=[H_2]=0.075mol \cdot L^{-1}$，计算：（1）在该温度下反应的平衡常数；（2）一氧化碳和水蒸气的起始浓度；（3）一氧化碳的平衡转化率。

2.可逆反应$2SO_2+O_2 \rightleftharpoons 2SO_3$，已知起始浓度$[SO_2]=0.4mol \cdot L^{-1}$、$[O_2]=1mol \cdot L^{-1}$，某温度下达到平衡，二氧化硫的转化率为80%。计算平衡时各物质的浓度和反应的平衡常数。

五、对于可逆反应$C(s)+H_2O(g) \rightleftharpoons CO+H_2-Q$，下列说法是否正确，说明原因。

1.达到平衡时，各反应物和生成物的浓度相等。

2.加入催化剂可以缩短反应达到平衡的时间。

3.由于反应前后分子数目相等，所以增加压力对平衡没有影响。

4.升高温度，正、逆反应速率都加快，所以平衡不受影响。

项目四　电解质溶液

含电解质的饮料

被腐蚀的铁

自然界中到处都存在着电解质，维持生物体内的平衡也离不开电解质溶液，各种各样的电解质愈来愈广泛地应用于工农业生产和生活中。

任务一　探究电解质的强弱

知识与能力

> - 知道电解质和非电解质的概念，会判断电解质和非电解质。
> - 掌握强电解质和弱电解质的概念，会判断强电解质和弱电解质。
> - 了解弱电解质的解离平衡及解离度的相关内容。

 从右图装置，我们可以知道稀硫酸能导电，那么在日常生活中饮用的纯净水、食盐水、蔗糖水等能像稀硫酸一样导电吗？

1. 电解质和非电解质

在水溶液中或熔化状态下，能够导电的化合物叫做电解质。如酸、碱、盐等；在水溶液中或熔化状态下，不能导电的化合物叫做非电解质。如酒精、蔗糖、甘油等绝大多数有机物是非电解质。电解质在水溶液中或熔化状态下，分离为离子的过程叫解离。

下列物质中哪些是电解质？哪些是非电解质？
糖、醋酸、氨水、乙醇、氢氧化钠、盐酸、固体氯化钠、无水硫酸、氢氧化铁、氯化银。

> 电解质的解离过程是在水或热的作用下发生的，并非通电后引起的。
> 电解质解离的一个不可缺少的条件是极性溶剂。如苯是非极性分子，当氯化氢溶于苯后不发生解离，因此，氯化氢的苯溶液不能导电。

2. 探究电解质的强弱

不同电解质在水溶液中的导电能力相同吗？

实验活动

取等体积，浓度均为 0.5mol·L^{-1} 的盐酸、氨水、醋酸、氢氧化钠、氯化钠溶液，分别倒入五个烧杯（见图4-1），并分别将两根碳棒插入五个烧杯中，连接电源、灯泡，注意观察灯泡的明亮程度。

灯泡发亮的程度_____
结论_____

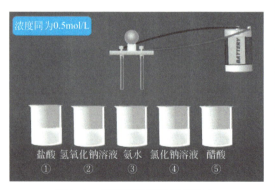

图4-1　电解质溶液的导电能力

不同的电解质在水溶液中解离的程度不同，在水溶液中或在熔融状态下能完全解离的电解质叫强电解质。

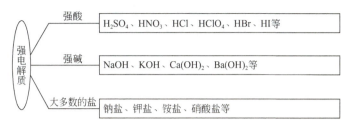

强电解质的解离用单向箭头"——→"表示。如：

$$HCl \longrightarrow H^+ + Cl^-$$
$$NaOH \longrightarrow Na^+ + OH^-$$
$$NaCl \longrightarrow Na^+ + Cl^-$$

在水溶液中只能部分解离的电解质叫弱电解质。

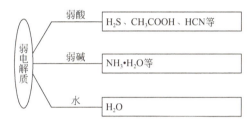

弱电解质的解离用"⇌"表示。例：

$$CH_3COOH \rightleftharpoons H^+ + CH_3COO^-$$
$$NH_3 \cdot H_2O \rightleftharpoons NH_4^+ + OH^-$$

> 有些难溶的盐和碱，它们的溶解度虽然很小，但已经溶解的部分是完全解离的，这种电解质习惯上称为难溶强电解质。水是极弱的电解质。

写出下列电解质的解离式：
NaOH、Ba(OH)$_2$、HF、NH$_3$·H$_2$O、HCN、H$_2$SO$_4$、Al$_2$(SO$_4$)$_3$

3. 弱电解质的解离平衡

（1）解离平衡

在一定条件（如温度、浓度）下，当电解质分子解离成离子的速率与离子重新结合成分子的速率相等时，未解离的分子和离子间就建立起动态平衡，这种平衡叫解离平衡。解离平衡具有化学平衡的一般特征。

（2）解离常数

当弱电解质达到解离平衡时，已解离的离子浓度的乘积与未解离的分子浓度的比值是一个常数，叫解离平衡常数（简称解离常数），用符号 K_i 表示。习惯上，弱酸用 K_a、弱碱用 K_b 表示。如醋酸在水溶液中建立的解离平衡：

$$CH_3COOH \rightleftharpoons H^+ + CH_3COO^-$$

$$K_a = \frac{[CH_3COO^-][H^+]}{[CH_3COOH]}$$

K_i 是化学平衡常数的一种形式，其数值的大小，反映了弱电解质的相对强弱。解离常数愈大，解离程度愈大。

与所有平衡常数一样，解离常数只与温度有关，而与浓度无关。

多元弱酸在水溶液中分步解离，溶液中的 H^+ 大多数来自第一步解离，因此，计算多元弱酸溶液中 $[H^+]$ 时，可只考虑第一步解离。

（3）解离度

解离常数只反映电解质解离能力的大小，没有反映解离程度的大小。常用解离度来表示弱电解质解离程度的大小。当弱电解质在溶液中达到解离平衡时，已解离的弱电解质浓度与弱电解质的起始浓度之比，叫解离度。用百分数表示，符号为"α"。

$$\text{解离度}(\alpha) = \frac{\text{电解质已解离部分的浓度}}{\text{电解质的起始浓度}} \times 100\%$$

例如298K 时，$0.1\ mol\cdot L^{-1}$ 的醋酸溶液中有 $1.34\times 10^{-3}\ mol\cdot L^{-1}$ 的醋酸解离成离子，则醋酸的解离度为：

$$\alpha = \frac{1.34\times 10^{-3}}{0.1} \times 100\% = 1.34\%$$

298K 时，$0.02\ mol\cdot L^{-1}$ 的氨水溶液中有 $6\times 10^{-4}\ mol\cdot L^{-1}$ 的氨水解离成离子，求氨水的解离度？

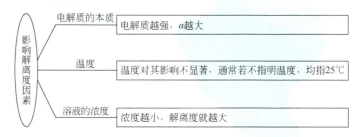

（4）解离度与解离常数的关系

解离度和解离常数都可以表示弱电解质的相对强弱，但二者也有区别。解离常数是化学平衡常数的一种，不随浓度变化；解离度是转化率的一种，随浓度变化。不同浓度的醋酸的解离平衡常数和解离度数值，见表4-1。

表4-1 不同浓度的醋酸的解离平衡常数和解离度数值（298K）

醋酸浓度/$mol\cdot L^{-1}$	0.2	0.1	0.01	0.005	0.001
解离常数 $K_a/\times 10^{-5}$	1.76	1.76	1.76	1.80	1.76
解离度 $\alpha/\%$	0.934	1.34	4.19	5.85	12.4

稀释定律

同一弱电解质的解离度与其浓度的平方根成反比,即溶液愈稀,解离度愈大;相同浓度的不同电解质的解离度与解离常数的平方根成正比,即解离常数愈大,解离度愈大。稀释定律表达式:$K_i=c\alpha^2$。

电解质陶瓷

知识窗

科技工作者在20世纪80年代发现了一类电导率可与液体电解质比拟的固态离子导体,被称为快离子导体或固体电解质,即电解质陶瓷。它们具有不同于电子导体的特殊用途。电解质陶瓷用作高温燃料电池和高能蓄电池的隔膜材料,固体电解质蓄电池能够突破以水溶液作电解质的传统蓄电池的局限,同时获得高的比能量和比功率;将它用作化学传感器时有独特的优势,当电解质陶瓷两侧存在离子的浓度差时,就会产生浓差电势,电势的大小取决于陶瓷两侧的浓度差。如果一侧的浓度已知,就可求出另一侧离子的未知浓度。用电解质陶瓷化学传感器测量气体、溶液或熔体中某一元素或离子浓度,具有设备简单、操作方便、连续快速等优点,是生产过程自动化的有力帮手。

任务二 探究溶液酸碱性的强弱

知识与能力

> 掌握溶液的酸碱性与离子浓度和pH的关系,学会有关pH的计算。
> 知道盐类水解的实质,会判断盐溶液的酸碱性。

 如图,观察小灯泡是否发光。若将小灯泡换成灵敏电流计,观察电流计的指针是否发生偏转?

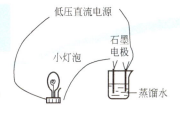

1. 水的离子积常数

精确实验证明,水是一种极弱的电解质,它能微弱解离,生成等量的H^+和OH^-。

$$H_2O \rightleftharpoons H^+ + OH^-$$

从纯水的导电实验测得,在298K时,1L纯水中只有1×10^{-7}molH_2O解离,因此纯水中H^+浓度和OH^-浓度各等于1×10^{-7}mol·L^{-1},在一定温度下,水跟其他弱电解质一样,也有一个解离常数,这个常数用K_w表示:

$$K_w=[H^+][OH^-]$$

K_w叫做水的离子积常数,简称为水的离子积。298K时,水中H^+浓度和OH^-浓度均为1×10^{-7}mol·L^{-1}。因此:

$$K_w=1\times10^{-7}\times1\times10^{-7}=1\times10^{-14}$$

因为水的解离过程是一个吸热过程,所以K_w随温度升高而增大,不同温度下,水的离子积常数不同,但变化不大。在常温范围内,一般都以$K_w=1\times10^{-14}$进行计算。

水的解离平衡,不仅存在于纯水中,也存在于任何水做溶剂的稀溶液中。

2. 探究溶液的酸碱性

(1)溶液的酸碱性

实验活动

取一小块pH试纸放在表面皿或玻璃片上,用胶头滴管将待测液滴于试纸的中部,观察颜色的变化,估计溶液pH范围,判断溶液的酸碱性,结果填入下表:

试剂名称	浓度	pH试纸颜色	估计溶液的pH	溶液的酸碱性
HCl	0.5mol·L^{-1}			
NH$_3$·H$_2$O	0.5mol·L^{-1}			
CH$_3$COOH	0.5mol·L^{-1}			
NaOH	0.5mol·L^{-1}			
NaCl	0.5mol·L^{-1}			

结论:_____

[H$^+$]越大,溶液的酸性越强;[H$^+$]越小,溶液的酸性越弱。许多化学反应都是在弱酸或弱碱性溶液中进行的,溶液中的[H$^+$]一般都很小,应用起来很不方便。因此,在化学上通常采用[H$^+$]的负对数来表示溶液酸碱性的强弱,叫做溶液的pH。

$$pH=-\lg[H^+]$$

例如:常温下,纯水的[H$^+$]=1×10^{-7}mol·L^{-1},纯水的pH为:
$$pH=-\lg[H^+]=-\lg(1\times10^{-7})=7$$

1×10^{-3}mol·L^{-1} HCl溶液,[H$^+$]=1×10^{-3}mol·L^{-1},其pH为:
$$pH=-\lg[H^+]=-\lg(1\times10^{-3})=3$$

1×10^{-2}mol·L^{-1} NaOH溶液,[OH$^-$]=1×10^{-2}mol·L^{-1},其pH为:
$$[H^+]=K_w/[OH^-]=1\times10^{-14}/(1\times10^{-2})=1\times10^{-12}$$
$$pH=-\lg[H^+]=-\lg(1\times10^{-12})=12$$

所以,可用溶液的pH表示溶液的酸碱性:

　　　　在中性溶液中　　pH=7
　　　　在酸性溶液中　　pH<7
　　　　在碱性溶液中　　pH>7

[H$^+$]愈大,pH愈小,溶液的酸性愈强;[H$^+$]愈小,pH愈大,溶液的碱性愈强。

pH是溶液酸碱性的量度,其应用范围是0～14之间。若超出此范围,直接用H$^+$或OH$^-$浓度表示更方便。

溶液的酸碱性除了用pH表示外,还可以采用pOH表示。

$$pOH=-\lg[OH^-]$$

常温下任何水溶液中[H⁺][OH⁻]=1×10⁻¹⁴可推出：

$$pOH+pH=14$$

（2）pH的计算

【例4-1】 计算0.05mol·L⁻¹ HCl溶液的pH。

解 [H⁺]=[HCl]=0.05mol·L⁻¹（水电离出的H⁺很少，可以忽略不计）

pH=-lg[H⁺]=-lg0.05≈1.3

答：0.05mol·L⁻¹ HCl溶液的pH为1.3。

【例4-2】 计算0.01mol·L⁻¹ CH₃COOH溶液的pH（已知K_a=1.8×10⁻⁵）。

解 [H⁺]=$\sqrt{c_{酸}K_a}$=$\sqrt{0.01mol·L^{-1}×1.8×10^{-5}mol·L^{-1}}$=4.2×10⁻⁴mol·L⁻¹

pH=-lg[H⁺]=-lg(4.2×10⁻⁴)=3.36

答：0.01mol·L⁻¹ CH₃COOH溶液的pH为3.36。

【例4-3】 计算0.02 mol·L⁻¹氨水溶液的pH（已知K_b=1.8×10⁻⁵）。

解 [OH⁻]=$\sqrt{c_{酸}K_b}$=$\sqrt{0.02mol·L^{-1}×1.8×10^{-5}mol·L^{-1}}$=6×10⁻⁴mol·L⁻¹

pOH=-lg[OH⁻]=-lg(6×10⁻⁴)=3.22

pH=14-pOH=14-3.22=10.78

答：0.02mol·L⁻¹氨水溶液的pH为10.78。

（1）计算0.05mol·L⁻¹硫酸溶液的pH。

（2）计算0.05mol·L⁻¹氢氧化钡溶液的pH。

（3）计算0.02mol·L⁻¹醋酸溶液的pH（已知K_a=1.8×10⁻⁵）。

（4）计算0.01mol·L⁻¹氨水溶液的pH（已知K_b=1.8×10⁻⁵）。

酸碱指示剂

知识窗

酸碱指示剂是借助颜色的变化来指示溶液pH的指示剂。各种酸碱指示剂在不同氢离子浓度的溶液中能显示不同的颜色。因此，可以根据它们在某待测溶液中的颜色来判断该溶液的pH。几种常用酸碱指示剂的变色范围如下：

指示剂	pH变色范围	酸色	中间色	碱色
甲基橙	3.1～4.4	红色	橙色	黄色
甲基红	4.4～6.2	红色	橙色	黄色
酚酞	8.0～10	无色	粉红	红色
石蕊	5～8	红色	紫色	蓝色

pH试纸是用几种变色范围不同的酸碱指示剂的混合液浸成的试纸。使用时，将待测溶液滴在pH试纸上，试纸会立刻显示出颜色，将它与标准比色板比较，便可以确定溶液的pH。下面是人体几种体液和代谢产物的正常pH。

体液	胃液	尿液	唾液	血液	小肠液
pH	0.9～1.5	4.7～8.4	6.6～7.1	7.35～7.45	约7.6

3. 盐类的水解

实验活动

把少量 CH_3COONa、Na_2CO_3、NH_4Cl、$(NH_4)_2SO_4$、$NaCl$、KNO_3 的固体分别加入6支盛有蒸馏水的试管中，振荡试管使之溶解，然后分别用pH试纸检验溶液的酸碱性。

实验结果：（1）溶液显酸性的有＿＿＿＿＿＿＿＿＿＿＿＿＿＿＿＿＿＿＿＿

（2）溶液显碱性的有＿＿＿＿＿＿＿＿＿＿＿＿＿＿＿＿＿＿＿＿

（3）溶液显中性的有＿＿＿＿＿＿＿＿＿＿＿＿＿＿＿＿＿＿＿＿

由上述实验结果显示，盐溶液也具有酸碱性，分析盐溶液的酸碱性与生成该盐的酸和碱的强弱有什么关系？

盐溶于水后，在水溶液中解离出来的离子与水解离出来的 H^+ 或 OH^- 结合生成弱电解质的过程，称为盐类的水解。

（1）盐类水解实质

在某些盐溶液中，盐解离出来的离子与水所解离出来的少量 H^+ 或 OH^- 结合生成弱电解质，使溶液中 H^+ 和 OH^- 的浓度不再相等，盐溶液便呈现出一定的酸碱性。盐类水解后生成酸和碱，所以盐类的水解反应可以看作是酸碱中和反应的逆反应。

$$酸 + 碱 \underset{水解}{\overset{中和}{\rightleftharpoons}} 盐 + 水$$

（2）盐溶液的酸碱性

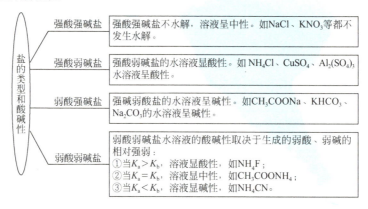

水解规律：

无弱不水解，有弱才水解；

谁弱谁水解，都弱都水解；

谁强显谁性，同强显中性。

判断下列盐的类型及溶液的酸碱性。

$NaNO_3$、NH_4NO_3、Na_2CO_3、K_2S、$FeCl_3$、$NaClO$、$CuSO_4$、$BaCl_2$

（3）影响盐类水解的因素

盐类水解程度的大小，主要取决于盐的本质。生成盐类的酸或碱愈弱或愈难溶于水，则水解程度愈大，甚至完全水解。如：Al_2S_3的水解是完全水解。

$$Al_2S_3 + 6H_2O \longrightarrow 2Al(OH)_3\downarrow + 3H_2S\uparrow$$

盐类水解的因素还与温度、浓度、酸度等有关。盐的水解反应是吸热反应，故升高温度有利于水解反应的进行，如Na_2CO_3溶液加热时，碱性增强，故常用来洗油污；由于水解结果将生成H^+或OH^-，所以加入酸、碱可以抑制或促进水解，如实验室配制$SnCl_2$及$FeCl_3$溶液时，由于强酸弱碱盐水解而得到浑浊溶液：

$$SnCl_2 + H_2O \rightleftharpoons Sn(OH)Cl + HCl$$
$$FeCl_3 + 3H_2O \rightleftharpoons Fe(OH)_3 + 3HCl$$

因此，实际配制溶液时，为防止水解产生沉淀，通常要向溶液中加入一定量的盐酸。

（4）盐类水解的应用

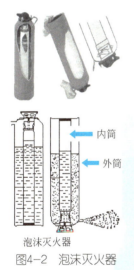

图4-2　泡沫灭火器

盐类的水解在生产实践和科研实验中应用广泛。例如：利用明矾$[KAl(SO_4)_2·12H_2O]$水解生成的$Al(OH)_3$胶体吸附水中悬浮杂质，可将明矾用作净水剂。又如泡沫灭火器的灭火原理（见图4-2），灭火器的内筒（玻璃）装有$Al_2(SO_4)_3$溶液，水解后呈酸性，外筒（钢制）装有$NaHCO_3$溶液，水解后呈碱性，当两种溶液混合后，水解相互促进趋于完全，从而产生大量的CO_2气体和$Al(OH)_3$胶体混合物，隔绝空气，从而达到灭火的目的。在分析化学中，可以利用盐的水解性质来鉴定某些离子的存在或测定含量。例如：用铋盐的水解性质鉴定铋：$BiCl_3 + H_2O \rightleftharpoons BiOCl + 2HCl$

任务三　学会离子方程式的书写

知识与能力

> - 知道离子方程式的意义，学会离子方程式的书写。
> - 掌握离子反应发生条件，会判断是否发生离子反应。

通过前面的知识我们知道物质之间的反应实质上是离子之间的交换，那么如何将化学方程式用离子的形式表示出来呢？

化学基础

1. 离子方程式

电解质在溶液中可全部或部分地解离为离子,因此,电解质在溶液中的化学反应实质上是离子间的反应。离子反应就是有离子参加的反应。

离子反应主要有反应前后元素化合价无变化的离子互换反应(复分解反应)和反应前后元素化合价发生变化的氧化还原反应两大类(这里只讨论离子互换反应)。

> **实验活动**
>
> 取3支试管,前两支试管中各加入少量的$CuSO_4$溶液,其中第一支试管中滴加适量的NaCl溶液,观察现象;第二支试管中加入适量的$BaCl_2$溶液,过滤,观察沉淀和滤液的颜色;在第三支试管中加入少量上述滤液,并滴加$AgNO_3$溶液,观察沉淀的生成,再滴加稀HNO_3,观察沉淀是否溶解。

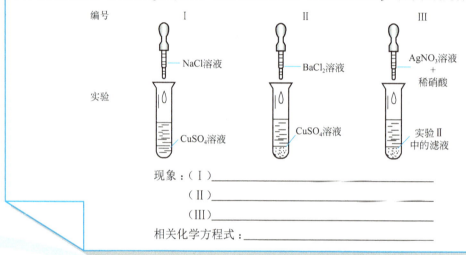

> 现象:(Ⅰ)_____
> (Ⅱ)_____
> (Ⅲ)_____
> 相关化学方程式:_____

上述实验中$BaSO_4$沉淀是由Ba^{2+}和SO_4^{2-}形成的,可用下式表示:

$$Ba^{2+} + SO_4^{2-} \longrightarrow BaSO_4 \downarrow$$

这种用实际参加反应的离子符号表示离子反应的式子叫离子方程式。书写离子方程式时,必须熟知电解质的溶解性和它们的强弱。以第三支试管中发生的反应为例,说明书写离子方程式的方法和步骤:

① 写——是基础:写出正确的化学方程式。

$$2AgNO_3 + CuCl_2 \longrightarrow 2AgCl \downarrow + Cu(NO_3)_2$$

② 拆——是关键:

> ➢ 易溶于水的强电解质(强酸、强碱、可溶性盐)拆写成离子形式
> ➢ 难溶物、弱电解质、单质、气体、氧化物和非电解质一律写化学式

上述方程式可改写为:

$$2Ag^+ + 2NO_3^- + Cu^{2+} + 2Cl^- \longrightarrow 2AgCl \downarrow + Cu^{2+} + 2NO_3^-$$

③ 删——是途径:等量删除方程式两边不参加反应的离子,将系数化成最简整数比。

$$Ag^+ + Cl^- \longrightarrow AgCl \downarrow$$

④ 查——是保证:(原子守恒、电荷守恒)检查离子方程式两边各元素的原子个数和电荷总量是否相等。

酸和碱可以发生中和反应生成盐和水，以NaOH溶液与盐酸反应和KOH溶液与硫酸的反应为例，分析中和反应的实质。

离子方程式意义：表示所有同一类型的离子反应。

例：$OH^-+H^+ \longrightarrow H_2O$ 表示所有强酸强碱发生反应生成水的中和反应。

$Cl^-+Ag^+ \longrightarrow AgCl \downarrow$ 表示所有可溶性盐酸盐与可溶性银盐生成沉淀的反应。

$2FeCl_3+SnCl_2 \longrightarrow 2FeCl_2+SnCl_4$ 是氧化还原反应，它的离子方程式又该如何书写呢？

在书写氧化还原反应的离子方程式时要特别注意：
① 元素的化合价一旦发生改变，它们就是不同的离子；
② 离子方程式配平时，一定要检查各离子的电荷的代数和是否相等。例如：

$$3Cu+8HNO_3(稀) \longrightarrow 3Cu(NO_3)_2+2NO\uparrow+4H_2O$$
$$3Cu+8H^++8NO_3^- \longrightarrow 3Cu^{2+}+6NO_3^-+2NO\uparrow+4H_2O$$
$$3Cu+8H^++2NO_3^- \longrightarrow 3Cu^{2+}+2NO\uparrow+4H_2O$$

2. 离子反应发生的条件

离子反应发生的条件实质上是复分解反应发生的条件：

（1）生成难溶物质

例：$AgNO_3+NaCl \longrightarrow AgCl\downarrow+NaNO_3$

$Ag^++Cl^- \longrightarrow AgCl\downarrow$

（2）生成易挥发物质

例：$2HCl+CaCO_3 \longrightarrow CaCl_2+H_2O+CO_2\uparrow$

$2H^++CaCO_3 \longrightarrow Ca^{2+}+H_2O+CO_2\uparrow$

（3）生成水或其他弱电解质

例：$Ba(OH)_2+2HCl \longrightarrow BaCl_2+2H_2O$

$OH^-+H^+ \longrightarrow H_2O$

$CH_3COONa+HCl \longrightarrow CH_3COOH+NaCl$

$CH_3COO^-+H^+ \longrightarrow CH_3COOH$

只要具备上述条件之一，离子反应就能发生。

完成下列化学方程式，并写出反应的离子方程式：

（1）Cl_2+NaI

（2）$CuSO_4+KOH$

（3）$CaCO_3+HCl$

阅读材料

酸碱平衡——让你健康更美丽

我们的体内装着一个化学实验室,人体内无时无刻不在进行无数的生物化学反应,使新陈代谢正常运转。

人体自身制造酸,如在消化时就产生酸,脂肪代谢产生脂肪酸,糖类代谢产生葡萄酸,蛋白质代谢为氨基酸,而碱性都自外供给,如多吃蔬菜水果这些碱性食物,就能增加体内碱性。因此医学家把我们的体质不仅仅以"好坏"来区分,也以"酸碱"来区分,当人体的化学实验室调节为弱碱性时,身体会感觉良好(即体质好),相反,则时时觉得健康出了问题(即体质差)。

正常人血液的pH应在7.4左右,即人体在处于这种偏碱性状态时,才能保持最健康的新陈代谢。但是现代人由于大量摄入高蛋白、高脂肪的偏酸性食物,容易造成人体体质的酸性化,导致身体机能减弱、新陈代谢缓慢。同时,酸性体液的刺激也会给护肤带来麻烦,比如使皮肤容易出油、暗淡,引起代谢异常,从而导致皮肤粗糙、毛孔粗大。那么,哪些食物是酸性的?哪些又是碱性的呢?一般来说,碱性食物有蔬菜、茶叶、水果、豆制品、牛奶等;酸性食物有肉、蛋、鱼、动物脂肪和植物油、米饭、面食、糖类甜食等。现代人的饮食习惯使人体摄入的酸性食物大大多于碱性食物,因此预防和治疗人体酸化导致的疾病,必须从饮食入手,有效方法之一是白天进食80%的碱性食物,而致酸化的食物不超过20%。用文火慢慢地煨、蒸、煮被视为保护碱性的烹调方法。在注意日常饮食的同时,还可以喝一些弱碱性的天然水来维持体内的酸碱平衡,从而达到美容排毒的目的。

项目小结

1. 电解质
   - 强电解质、弱电解质
2. 水的解离和溶液的pH
   - 水的离子积
   - 溶液的酸碱性与[H^+]、pH的关系
3. 盐类的水解
4. 离子方程式
   - 离子方程式的书写
   - 离子反应发生的条件

复习题

一、填空题

1.写出下列电解质的离解方程式

H_2SO_4 _____

KOH _____

$NH_3 \cdot H_2O$ _____

HF _____

2.纯水是一种极弱电解质,它能微弱地解离出_____和_____。在298K时,水解离出的H^+和OH^-浓度为_____,其离子浓度的乘积为_____,该乘积叫做_____。

3.在酸性溶液中，[H⁺]越_____，pH越_____，表示溶液的酸性越_____，反之，则酸性越_____；在碱性溶液中，[OH⁻]越_____，pH越_____，表示溶液的碱性越_____，反之，则碱性越_____。

4.在常温下，若溶液[H⁺]=[OH⁻]，则溶液呈_____性，pH_____；

若溶液[H⁺]<[OH⁻]，则溶液呈_____性，pH_____；

若溶液[H⁺]>[OH⁻]，则溶液呈_____性，pH_____。

5.强酸弱碱盐，其水溶液呈_____；强碱弱酸盐，其水溶液呈_____；强酸强碱盐，其水溶液呈_____。

6.下列盐：NH_4Cl、KNO_3、CH_3COONH_4、$KClO_4$、$NaCl$、Na_2CO_3、$FeCl_3$、$Cu(NO_3)_2$、$BaSO_4$、$MgCl_2$、NH_4CN 的水溶液呈酸性的是_____；呈中性的是_____；呈碱性的是_____；不水解的是_____。

7.在配制 $Al_2(SO_4)_3$ 溶液时，为防止发生水解，可以加入少量的_____；在配制 Na_2S 溶液时，为了防止水解，可以加入少量的_____。

8.在 $0.1mol·L^{-1}$ CH_3COOH 中，分别加入少量下列物质，溶液中的[H⁺]、[OH⁻]如何变化？

加入物质	少量的HCl溶液	少量的NaOH溶液	少量的CH₃COONa溶液
[H⁺]变化			
[OH⁻]变化			

9.写出下列反应的离子反应方程式

$AgNO_3+KCl \longrightarrow AgCl \downarrow +KNO_3$　　_____

$Na_2SO_4+BaCl_2 \longrightarrow BaSO_4 \downarrow +2NaCl$　　_____

$CaCO_3+2HCl \longrightarrow CaCl_2+H_2O+CO_2 \uparrow$　　_____

10.选择适当的反应物，各写出两个符合下列离子方程式的化学方程式

（1）$Fe^{3+}+3OH^- \longrightarrow Fe(OH)_3 \downarrow$

_____；_____。

（2）$CO_3^{2-}+2H^+ \longrightarrow H_2O+CO_2 \uparrow$

_____；_____。

（3）$Ba^{2+}+SO_4^{2-} \longrightarrow BaSO_4 \downarrow$

_____；_____。

11.离子反应发生的条件是：生成物中_____、_____、_____，三个条件只需具备其中_____，离子反应就能进行。

二、选择题

1.下列物质中，属于强电解质的是（　　）。

A. $NaHCO_3$　　B. H_2S　　C. CH_3COOH　　D. $NH_3·H_2O$

2.日常生活中使用的以下调味品中属于强电解质的是（　　）。

A.食醋　　B.食盐　　C.黄酒　　D.菜油

3.在下列各组物质中，全都是强电解质的一组是（　　）。

A. 乙醇　醋酸　　　　　　　　　　B. 氯化钠　甘油
C. 硝铵　氯铵　　　　　　　　　　D. 氯气　硝酸钾

4. 常温下在0.1mol·L^{-1}的CH$_3$COOH溶液中，水的离子积是（　　）。

A. $1×10^{-12}$　　B. $1×10^{-14}$　　C. $1×10^{-7}$　　D. $1×10^{-15}$

5. 373K时纯水的pH（　　）。

A. 等于7　　　B. 小于7　　　C. 大于7　　　D. 等于8

6. 下列说法正确的是（　　）。

A. 酸性溶液里没有OH$^-$，碱性溶液里没有H$^+$

B. 在酸性溶液中，H$^+$浓度越大，酸性越强

C. pH=0的溶液呈中性

D. pH=7的溶液一定呈中性

7. 下列液体中，pH>7的是（　　）。

A. 人体血液　　B. 蔗糖溶液　　C. 橙汁　　D. 胃液

8. 体积相同、pH相同的HCl溶液和CH$_3$COOH溶液，与NaOH溶液中和时两者消耗NaOH的物质的量（　　）。

A. 相同　　B. HCl多　　C. CH$_3$COOH多　　D. 无法比较

9. 同浓度、同体积的氨水和氯化铵溶液里所含的NH$_4^+$浓度（　　）。

A. 相同　　　　　　　　　　　　B. 氨水中[NH$_4^+$]较大

C. NH$_4$Cl溶液中[NH$_4^+$]较大　　D. 无法比较

10. Mg(NO$_3$)$_2$在水溶液中呈（　　）。

A. 酸性　　B. 碱性　　C. 中性　　D. 不确定

11. (NH$_4$)$_2$SO$_4$是（　　）。

A. 强酸弱碱盐　　B. 弱酸弱碱盐　　C. 强酸强碱盐　　D. 不确定

12. 下列物质水溶液，其pH值小于7的是（　　）。

A. Na$_2$CO$_3$　　B. NH$_4$NO$_3$　　C. Na$_2$SO$_4$　　D. KNO$_3$

13. 下列能发生反应的是（　　）。

A. 硝酸钾与氯化钙　　　　　　　B. 氯化铁与氢氧化钠

C. 氧化钙与盐酸　　　　　　　　D. 氯化铵与氯化钠

三、回答题

1. 盐酸里有没有OH$^-$？氢氧化钠溶液里有没有H$^+$？为什么？

2. 为什么Al$_2$S$_3$在水溶液中不存在？

3. 配制SnCl$_2$溶液时，为什么不能用蒸馏水直接配制？应如何配制？

四、计算题

1. 0.2mol·L^{-1} HCOOH（甲酸）溶液的解离度为3.2%，计算甲酸的解离常数和该溶液中的H$^+$浓度。

2. 计算下列溶液的pH

（1）0.001mol·L^{-1}的NaOH溶液

（2）0.02mol·L^{-1}的稀硫酸

（3）0.01mol·L^{-1}的醋酸溶液（K_a=1.8×10^{-5}）

（4）0.005mol·L^{-1}的氨水溶液（K_b=1.8×10^{-5}）

3.将2mL 12mol·L^{-1}盐酸稀释至500mL，计算：

（1）稀释后溶液的H$^+$浓度和pH；

（2）欲将100mL稀释溶液中和至pH=7，需要加入多少克固体NaOH？

项目五　氧化还原反应和电化学基础

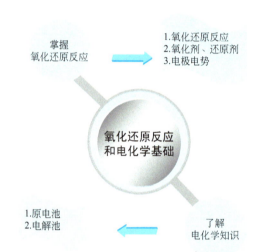

举世瞩目的以"城市，让生活更美好"为主题的2010年上海世博会，充分展示了丰富多彩的当代文明成就，鲜明弘扬了绿色、环保、低碳等发展新理念，为人类留下了丰富的精神遗产。相信世博园区的各类新能源汽车一定会给你留下深刻的印象，因为它们不仅漂亮美观，关键是驱动它们的不再是油品，而是氢燃料电池，因此全部实现了"零排放"。

任务一　掌握氧化还原反应

知识与能力

> - 掌握氧化还原反应的实质，会从不同的角度分析氧化还原反应。
> - 知道氧化剂和还原剂的概念，会判断氧化剂和还原剂。
> - 了解电极电势的含义，会用电极电势判断氧化、还原能力的强弱及氧化还原反应的方向。

 氢燃料电池驱动的汽车有 CO_2 的排放吗？为什么？

1. 氧化还原反应

（1）物质的得氧与失氧

以氧化铜与氢气的反应为例：

$$\underset{\underset{\text{失去氧，被还原}}{\longleftarrow}}{\overset{\overset{\text{得到氧，被氧化}}{\longrightarrow}}{CuO + H_2 \longrightarrow Cu + H_2O}}$$

氧化铜与氢气的反应为氧化还原反应，氧化铜失去氧发生了还原反应，氢气结合氧发生了氧化反应。

从物质得氧和失氧角度分析：一种物质失去氧，另一种物质得到氧的反应叫氧化还原反应。其中：失去氧的反应为还原反应；结合氧的反应为氧化反应。

（2）化合价的改变

以氧化铜与氢气的反应为例：

$$\underset{\underset{\text{化合价降低，被还原}}{\longleftarrow}}{\overset{\overset{\text{化合价升高，被氧化}}{\longrightarrow}}{\overset{+2\ -2}{Cu}\overset{0}{O} + \overset{0}{H_2} \longrightarrow \overset{0}{Cu} + \overset{+1\ -2}{H_2O}}}$$

从上述反应可知：CuO 中铜的化合价由 +2 价变成了单质铜中的 0 价，铜的化合价降低，即 CuO 被还原；H_2 中氢元素的化合价由 0 价升高到水中的 +1 价，氢的化合价升高，即 H_2 被氧化。

从元素化合价升降的角度分析：元素化合价发生改变的化学反应叫氧化还原反应。其中：元素化合价降低的反应为还原反应；元素化合价升高的反应为氧化反应。

判断下列反应中哪些是氧化还原反应？

$CuO + 2HCl \longrightarrow CuCl_2 + H_2O$

$CaO + H_2O \longrightarrow Ca(OH)_2$

$Zn + 2HCl \longrightarrow ZnCl_2 + H_2\uparrow$

$2KClO_3 \longrightarrow 2KCl + 3O_2\uparrow$

根据元素化合价的升降观点，可以看出氧化还原反应不一定存在得氧和失氧的过程，但必然有化合价的升降，那么物质引起元素化合价升降的原因是什么呢？

（3）电子的转移

电子转移：电子得失或共用电子对的偏移。以钠和氯气反应生成NaCl为例。

$$2Na+Cl_2 \longrightarrow 2NaCl$$

NaCl由钠离子和氯离子构成的，在反应过程中：钠原子失去1个电子变成了+1价的钠离子，化合价升高；氯原子得到1个电子变成了-1价的氯离子，化合价降低。

用"e"表示电子，并用箭头表示元素的原子在反应过程中得、失电子的情况如下：

从反应中发生的电子转移角度分析：由于电子的转移引起元素化合价改变的反应称为氧化还原反应。其中：物质失去电子的反应为氧化反应；物质得到电子的反应为还原反应。

所以，氧化还原反应的本质是电子的转移；氧化还原反应的特征是化合价的变化。

电子转移与化合价的关系：

```
        失去电子，被氧化，化合价升高
   ─────────────────────────────────→
   -4  -3  -2  -1  0  +1  +2  +3  +4  +5  +6  +7
   ←─────────────────────────────────
        得到电子，被还原，化合价降低
```

练习与实践

写出氢燃料电池中发生的化学反应方程式，并标出电子转移的方向和数目。

2. 氧化剂和还原剂

（1）氧化剂

在氧化还原反应中得到电子（或电子对偏向）的物质叫做氧化剂。氧化剂具有氧化性。氧化性的强弱反映了物质得到电子能力的大小。常见的氧化剂有活泼的非金属单质、Na_2O_2、H_2O_2、$HClO$、$KClO_3$、$KMnO_4$、浓H_2SO_4、$K_2Cr_2O_7$等。

（2）还原剂

在氧化还原反应中失去电子（或电子对偏离）的物质叫做还原剂。还原剂具有还原性。还原性的强弱反映了物质失去电子能力的大小。常见的还原剂有活泼的金属及C、H_2、CO、H_2S等。

通常情况下，物质中的元素化合价处于低价的为还原剂；元素的化合价处于高价的为氧化剂；处于中间价态的既可做氧化剂，又可做还原剂；得电子能力越强，氧化性越强；失电子能力越强，还原性越强。

指出下列各反应中的氧化剂和还原剂，并标出电子转移的方向和数目？

（1）$2Cu+S \xrightarrow{点燃} Cu_2S$　　　　氧化剂_____，还原剂_____

（2）$H_2+Cl_2 \longrightarrow 2HCl$　　　　氧化剂_____，还原剂_____

（3）$2CO+O_2 \longrightarrow 2CO_2$　　　　氧化剂_____，还原剂_____

（4）$Cl_2+2NaI \longrightarrow 2NaCl+I_2$　　　　氧化剂_____，还原剂_____

（5）$MnO_2+4HCl(浓) \xrightarrow{\triangle} MnCl_2+Cl_2\uparrow+2H_2O$　　　氧化剂_____，还原剂_____

两种特殊的氧化还原反应

知识窗

（1）归中反应：不同价态的同种元素间发生氧化还原反应（化合价"只靠拢，不交叉"）。例：

$H_2S+H_2SO_4(浓) \longrightarrow 2H_2O+S\downarrow+SO_2\uparrow$

其中硫单质中的硫元素来自硫化氢，而二氧化硫中的硫元素来自硫酸。化合价都向中间靠拢，但是没有交叉。如下图：

$\overset{-2}{H_2S} + \overset{+6}{H_2SO_4}(浓) \longrightarrow 2H_2O + \overset{0}{S}\downarrow + \overset{+4}{SO_2}\uparrow$

（2）歧化反应：同种物质中的同种元素既被氧化又被还原的反应。

例：$3Cl_2+6KOH \longrightarrow 5KCl+KClO_3+3H_2O$

其中，化合价发生变化的只有氯气中的氯元素，所以氯气既是氧化剂又是还原剂。

3. 电极电势

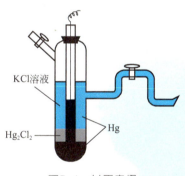

图5-1　甘汞电极

如图5-1所示甘汞电极是由Hg_2Cl_2、Hg、KCl溶液组成的，Hg_2Cl_2/Hg构成一个电对。通常是同一元素的两种不同价态构成一个电对。如Zn和Zn^{2+}、Cu和Cu^{2+}。分别以Zn^{2+}/Zn、Cu^{2+}/Cu表示。Zn^{2+}、Cu^{2+}是电对的氧化态，Zn、Cu则是电对的还原态。物质氧化还原能力的强弱，可用电对的电极电势值来衡量。电极电势通常用$E(M^{n+}/M)$表示，单位：V（伏特）。电极电势的绝对值目前尚无法测定，但可测出其相对值。

（1）标准电极电势

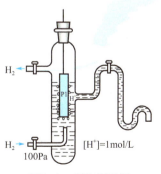

图5-2　标准氢电极

标准状态：温度为298K，与电极有关的离子浓度为$1mol·L^{-1}$，有关气体的压力为100.0kPa的状态。

规定标准氢电极的电极电势值为零，$E^{\ominus}(H^+/H_2)=0$。标准状态下，测量其他电极与标准氢电极之间的电势值，所测得的电极电势叫做某电极的标准电极电势，用$E^{\ominus}$（氧化态/还原态）表示（见图5-2）。

通过实验可以测出各电对的标准电极电势。将各物质电对的标准电势按它们的代数值由小到大的顺序排列，得到标准电极电势表（见附录四）。

得电子能力越强，氧化性越强；失电子能力越强，还原性越强。

（2）标准电极电势值的含义

标准电极电势值的大小，反映了标准状态下不同电对中氧化态物质和还原态物质得失电子的能力，即氧化态物质的氧化能力和还原态物质的还原能力的相对强弱。例如：

电对	Na^+/Na	Mg^{2+}/Mg	Zn^{2+}/Zn	H^+/H_2	Cu^{2+}/Cu
$E^\ominus$（氧化态/还原态）/V	−2.714	−2.37	−0.763	0	0.34

$E^\ominus$（氧化态/还原态）逐渐增大，氧化态的氧化能力逐渐增强，还原态的还原能力逐渐减弱。

> 标准电极电势值越小，表明在标准状态下电对中还原态的还原能力越强，氧化态的氧化能力越弱；标准电极电势值越大，表明在标准状态下电对中氧化态的氧化能力越强，还原态的还原能力越弱。实际上，金属活动顺序表就是根据标准电极电势值的大小比较出来的。

（3）标准电极电势的应用

① 比较氧化剂、还原剂的相对强弱

【例5-1】 根据电极电势值判断卤素单质Cl_2、Br_2、I_2氧化能力的强弱以及卤离子Cl^-、Br^-、I^-还原能力的强弱。

解 由附录四中查得：$E^\ominus$（Cl_2/Cl^-）=1.36V，$E^\ominus$（Br_2/Br^-）=1.065V，$E^\ominus$（I_2/I^-）=0.535V。

因为$E^\ominus$（Cl_2/Cl^-）＞$E^\ominus$（Br_2/Br^-）＞$E^\ominus$（I_2/I^-）

所以卤素单质氧化能力的强弱为：$Cl_2＞Br_2＞I_2$

卤离子还原能力的强弱为：$I^-＞Br^-＞Cl^-$

比较Cl_2、Cu^{2+}、Ag^+的氧化能力。

② 判断氧化还原反应进行的方向

【例5-2】 判断反应$Fe+Cu^{2+}\longrightarrow Fe^{2+}+Cu$在标准状况下自发进行的方向。

解 按给定的方向找出氧化剂、还原剂

氧化剂：Cu^{2+} 还原剂：Fe

分别查出氧化剂电对和还原剂电对的标准电极电势

$E^\ominus$（Cu^{2+}/Cu）=0.34V $E^\ominus$（Fe^{2+}/Fe）=−0.44V

以反应物中氧化剂电对作正极，还原剂电对作负极组成原电池，并计算其标准电动势

$E^\ominus = E^\ominus_{(+)} - E^\ominus_{(-)}$

$= E^\ominus$（Cu^{2+}/Cu）$- E^\ominus$（Fe^{2+}/Fe）

$= 0.34V - (-0.44V)$

$= 0.78V > 0$

所以在标准状态下，反应能自发正向进行。

> $E^\ominus = E^\ominus_{(+)} - E^\ominus_{(-)}$
> 若$E^\ominus＞0$，则在标准状态下反应自发正向（向右）进行；
> 若$E^\ominus＜0$，则在标准状态下反应自发逆向（向左）进行；
> 若$E^\ominus=0$，则在标准状态下体系处于平衡状态。

判断反应 $2FeCl_3+Cu \longrightarrow 2FeCl_2+CuCl_2$ 在标准状况下自发进行的方向。

影响电极电势的因素

知识窗

影响电极电势的因素是多方面的,如温度、电极材料、离子的浓度等对电极电势都有影响。在常温下,电极材料确定后,离子浓度是影响电极电势的主要因素。

德国化学家能斯特提出了电极电势与溶液浓度之间的关系式。如电极反应为:

$$氧化态 + ne \rightleftharpoons 还原态$$

则在298K时, $E(氧化态/还原态) = E^{\ominus}(氧化态/还原态) + \dfrac{0.0592}{n}\lg\dfrac{[氧化态]}{[还原态]}$

式中　$E(氧化态/还原态)$——某电极在指定浓度的电极电势;

$E^{\ominus}(氧化态/还原态)$——某电极的标准电极电势;

n——电极反应中得失电子数;

$[氧化态]$, $[还原态]$——氧化态物质和还原态物质在溶液中的浓度,$mol·L^{-1}$,纯固体、纯液体为1。

任务二　了解电化学基础知识

知识与能力

➢ 了解原电池的构成条件,会写电极反应及原电池符号。
➢ 了解电解池的应用,会写电极反应和电池反应。

想一想　电池是怎样产生电流的?

1. 原电池

(1) 探究原电池工作原理

实验活动

(1) 把一块锌片和一块铜片插入盛有稀硫酸的烧杯里,观察两块金属片上有何现象产生。

(2) 用导线把两金属片连接起来,并在导线中间连接一个灵敏电流计,再观察有何现象产生。

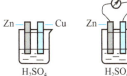

实验现象
(1)_____
(2)_____

为什么会产生不同的现象呢？

将化学能转变为电能的装置叫做原电池。在上述实验（2）中，由于电子不断地通过导线流向铜片，产生了电子的定向移动形成电流，使电流计指针发生偏转。这样由于电子的定向移动，产生了电流，也就是将化学能转变为电能。

（2）构成原电池工作的条件

负极：在原电池中，电子流出的电极叫做负极，用"–"表示。

正极：电子流入的电极叫做正极，用"+"表示。

上述过程可表示为：

Zn 片（–）   Zn –2e $\longrightarrow$ Zn^{2+}（氧化反应）

Cu 片（+） $2H^+ + 2e \longrightarrow H_2 \uparrow$（还原反应）

总反应式 $Zn + 2H^+ \longrightarrow Zn^{2+} + H_2 \uparrow$

从电极反应中可以看出，负极发生氧化反应，正极发生还原反应，电解质溶液提供了H^+，参与正极反应，金属铜并未参加反应，但作为辅助导体，导线起到引导电子定向转移的作用。

电极是原电池的主要组成部分。常见的原电池是由不同的金属和它的盐构成，其中较活泼的金属为负极，失去电子发生氧化反应而逐渐溶解；较不活泼的金属或能导电的非金属为正极，溶液中的阳离子在正极表面获得电子发生还原反应。电极上发生的反应叫做电极反应。

从理论上讲，任何一个自发进行的氧化还原反应，都可以组成一个原电池。

组成原电池的必要条件是什么？

实验活动

将锌片插入盛有1mol·L^{-1}的$ZnSO_4$溶液的烧杯中，将铜片插入另一个盛有1mol·L^{-1}的$CuSO_4$溶液的烧杯中，将两个烧杯的溶液用一个充满电解质溶液（通常用含有琼胶的KCl饱和溶液）的倒置U形管即盐桥联系起来；用导线将锌片和铜片连接，并在导线上串联一个电流计装置连接，如图5-3，观察现象。

写出电极反应式：

负极：_____

正极：_____

电池反应式：_____

图5-3 原电池实验装置

（3）原电池符号

原电池的装置可以用符号来表示。如铜锌原电池表示为：

$$(-)Zn|ZnSO_4 \| CuSO_4|Cu\ (+)$$

式中（+）、（-）表示两个电极的符号，习惯上把负极写在左边，正极写在右边。Zn 和 Cu 表示两个电极，$ZnSO_4$ 和 $CuSO_4$ 表示电解质溶液。"|"表示电极与电解质溶液之间的接触界面。"∥"表示盐桥，写在中间。

当电对中无固态物质时，通常需另加惰性电极（电极只传递电子而不参与电子得失），如石墨、铂是常用的惰性电极，这种电极只起导电作用。例如，

反应 $Zn+2H^+ \longrightarrow Zn^{2+}+H_2$ 组成原电池后，原电池符号表示为：

$$(-)Zn|\ Zn^{2+}\ \|\ H^+|H_2,Pt\ (+)$$

电池反应为：$Zn+2H^+ \longrightarrow Zn^{2+}+H_2$

氧化还原反应：$2Fe^{3+}+Zn \longrightarrow Zn^{2+}+2Fe^{2+}$ 能否组成原电池？如能，请用原电池符号表示，并写出电极反应式。

2. 电解池

你知道工业上"三酸二碱"中的碱 NaOH 是怎样制得的吗？

（1）探究电解原理

实验活动

如图5-4所示，U形管中注入 $CuCl_2$ 溶液，两端分别插入石墨棒做电极。接通直流电源。把湿润的碘化钾淀粉试纸放在阳极石墨棒附近。观察实验现象。

阴极：_____

阳极：_____

与直流电源负极相连的电极叫阴极。
与直流电源正极相连的电极叫阳极。

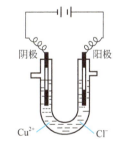

图5-4　电解实验装置

根据实验现象，写出电解 $CuCl_2$ 溶液的化学方程式。为什么会发生这个化学变化呢？

通电以前氯化铜溶液中存在着 Cu^{2+}、Cl^-、H^+、OH^- 四种离子。这四种离子在溶液中自由移动。

$$CuCl_2 \longrightarrow Cu^{2+}+2Cl^-$$

$$H_2O \rightleftharpoons H^++OH^-$$

通电后，这些自由移动的离子在电场的作用下作定向移动，即阴离子（Cl^-、OH^-）向阳极移动，阳离子（Cu^{2+}、H^+）向阴极移动，如图5-5所示。

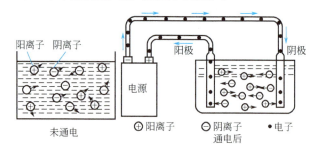

图5-5　通电前后溶液中离子移动示意图

在阴极，氧化性强的阳离子容易获得电子，所以有铜析出。可表示为：

阴极　　　　　　　$Cu^{2+}+2e \longrightarrow Cu \downarrow$（还原反应）

在阳极，还原性强的阴离子易失去电子，所以Cl^-被氧化生成Cl_2。可表示为：

阳极　　　　　　　$2Cl^- -2e \longrightarrow Cl_2 \uparrow$（氧化反应）

这样，在电流的作用下，$CuCl_2$不断分解成Cu和Cl_2。由于H^+、OH^-没有参加放电，所以H_2O实际上没参加反应。电解氯化铜的化学方程式如下：

$$CuCl_2 \xrightarrow{\text{通电}} Cu+Cl_2 \uparrow$$

因直流电通过电解质溶液（或熔融态离子化合物）引起氧化还原反应的过程叫做电解。借助电流使电解质发生氧化还原反应的装置，也就是把电能转变为化学能的装置，叫做电解池或电解槽。

当电解质溶液通电时，阴离子在阳极上失去电子，发生氧化反应；阳离子在阴极上得到电子发生还原反应。习惯上，把离子或原子在电极上获得或失去电子的过程叫做放电。

阳离子在阴极上的放电顺序是：金属活动顺序的反顺序

$Ag^+>Hg^{2+}>Fe^{3+}>Cu^{2+}>H^+>Pb^{2+}>Fe^{2+}>Zn^{2+}$

阴离子在阳极上的放电顺序是：$S^{2-}>I^->Br^->Cl^->OH^->$含氧酸根$>F^-$

注意这里用的电极是惰性电极

写出以石墨为电极，电解硫酸铜溶液的电极反应式和电解方程式。

（2）电解的应用

① 氯碱工业　其电解方程式为：

$$2NaCl+2H_2O \xrightarrow{\text{通电}} 2NaOH+H_2\uparrow+Cl_2\uparrow$$
　　　　　　　　　　　　　　　　阴极附近　阴极　阳极

阴极　　　$2H^++2e \longrightarrow H_2 \uparrow$（还原反应）

阳极　　　$2Cl^- -2e \longrightarrow Cl_2 \uparrow$（氧化反应）

由于H^+在阴极上不断得到电子生成H_2放出，破坏了阴极附近水的解离平衡，水继续解离出H^+和OH^-，H^+又不断得到电子，结果阴极附近溶液中OH^-的数目相对增多了。因此，阴极附近形成了NaOH溶液。

氯碱工业

知识窗

生产设备（见图5-6）名称：

电解槽、离子交换膜、阳极（金属钛网）、阴极（碳钢网）

离子交换膜的作用：

➢ 防止氯气和氢气混合而引起爆炸。

➢ 避免氯气与氢氧化钠反应生成次氯酸钠影响氢氧化钠的产量。

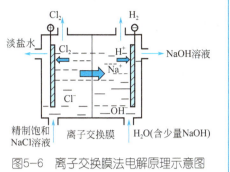

图5-6　离子交换膜法电解原理示意图

② **电冶**　应用电解原理从金属化合物中制取金属的过程叫做电冶。电解钾、钙、钠、镁、铝等活泼金属的盐溶液时，阴极上总产生H_2，而得不到相应的金属，因此，制取这些活泼金属的单质，只能采用电解它们的熔融化合物的方法。如要制得金属钠可用电解熔融的氯化钠，其电解方程式为：

$$2NaCl(熔融) \xrightarrow{通电} 2Na + Cl_2 \uparrow$$

③ **电镀**　应用电解原理在某些金属表面镀上一层其他金属或合金的过程（如图5-7所示）。电镀池形成的条件：镀件作阴极，镀层金属作阳极，含镀层金属阳离子的盐溶液作电解液。

④ **精炼金属**　利用电解的原理将粗金属精炼成纯金属。例如，铜的精炼，用粗铜作阳极，纯铜作阴极，用硫酸铜溶液作电解液。通电后，粗铜不断溶解，生成Cu^{2+}进入溶液，溶液中的Cu^{2+}在阴极不断获得电子而析出，这样在阴极就可以得到纯度达99.99%的纯铜。

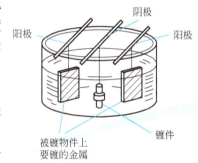

图5-7　电镀锌示意图

（1）某学生想在钥匙环上镀铜，试写出电镀的电极反应式。

（2）写出精炼铜的电极反应式。

化学镀

知识窗

化学镀是一种新型的金属表面处理技术，是在金属的催化作用下，通过可控制的氧化还原反应产生金属的沉积过程。与电镀相比，化学镀技术具有镀层均匀、针孔小、不需直流电源设备、能在非导体上沉积和具有某些特殊性能等特点。另外，由于化学镀技术废液排放少，对环境污染小以及成本较低，在许多领域已逐步取代电镀，成为一种环保型的表面处理工艺。

化学镀镀金层均匀、装饰性好；在防护性能方面，能提高产品的耐蚀性和使用寿命；在功能性方面，能提高加工件的耐磨导电性、润滑性能等特殊功能，化学镀技术已在电子、阀门制造、机械、石油化工、汽车、航空航天等工业中得到广泛的应用。

阅读材料

新型化学电池——燃料电池

燃料电池是一种电化学装置,其电池单体是由正负两个电极(负极即输入燃料的电极,阳极;正极即输入氧化剂的电极,阴极)以及电解质组成。与一般电池不同的是燃料电池的正、负极本身不包含活性物质,只是个催化转换元件。电池工作时,燃料和氧化剂由外部供给,进行反应。原则上只要反应物不断输入,反应产物不断排除,燃料电池就能连续地发电。因此,燃料电池是名副其实的把能源中燃料燃烧反应的化学能连续、直接转化为电能的"能量转换机器"。能量转化率很高,不产生污染问题。所以科学家预言,燃料电池将是继水力、火电、核能发电后的第四类发电——化学能发电。

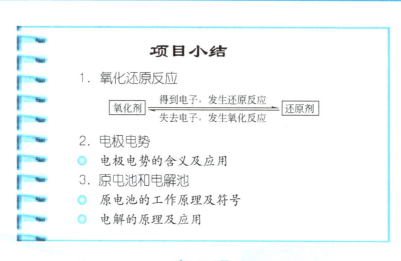

复习题

一、填空题

1.在反应:$2FeCl_3+Cu \longrightarrow 2FeCl_2+CuCl_2$ 中,_____元素被氧化,_____元素被还原;_____是氧化剂,_____还原剂。

2.在 $MnO_2+4HCl \longrightarrow MnCl_2+Cl_2\uparrow +2H_2O$ 这一反应中,氧化剂是_____,还原剂是_____。若有4mol电子发生转移,则被氧化的物质有___mol。

3.根据标准电极电势表可知:Mg、Fe^{2+}、Cu、Cl^- 的还原性由强到弱为_____。

4.根据标准电极电势表,判断电对 MnO_4^-/Mn^{2+}、Fe^{3+}/Fe^{2+}、Sn^{4+}/Sn^{2+}、Cl_2/Cl^- 中,氧化性最强的是_____,氧化性最弱的是_____,还原性最强的是_____,还原性最弱的是_____。

5.原电池是把_____能转变为_____的装置。形成原电池必须要有_____、_____和_____等三个条件。

6.饱和 $MgCl_2$ 溶液中存在着_____离子。当通直流电后,_____离子向阴极移动,_____离子向阳极移动。阴极产物是_____,阳极产物是_____。反应的化学方程式为_____。

7.完成电解氯化钠溶液的相关表格。

项目	阳极	阴极
与电源正负极关系		
现象		
产物		
检验方法		
电极反应式		
反应属性		
总方程式		

二、选择题

1. 氧化还原反应的实质是（　　）。

A. 化合价的升降　　B. 得氧和失氧　　C. 有无新物质生成　　D. 电子的得失或偏移

2. 下列反应中，既是氧化还原反应，又是化合反应的是（　　）。

A. $Na_2O+H_2O \longrightarrow 2NaOH$

B. $Fe +2HCl \longrightarrow FeCl_2+H_2 \uparrow$

C. $Cu(NO_3)_2+2NaOH \longrightarrow Cu(OH)_2 \downarrow +2NaNO_3$

D. $H_2+Cl_2 \longrightarrow 2HCl$

3. 在反应 $2H_2S +3O_2 \longrightarrow 2SO_2+2H_2O$ 中，是还原剂的是（　　）。

A. H_2S　　B. O_2　　C. SO_2　　D. H_2O

4. 加入氧化剂才能实现变化的是（　　）。

A. $Cu^{2+} \rightarrow Cu$　　B. $CO_3^{2-} \rightarrow CO_2$　　C. $ClO_3^- \rightarrow ClO^-$　　D. $HCl \rightarrow Cl_2$

5. 在原电池中，发生氧化反应的电极是（　　）。

A. 正极　　B. 负极　　C. 阴极　　D. 阳极

6. 下列各组中的两种金属（或非金属）用导线连接，插入电解质溶液组成原电池，对负极的判断，是错误的是（　　）。

A. Zn–Cu：锌是负极　　B. Fe–Sn：铁是负极

C. Fe–Zn：铁是负极　　D. Fe–C：铁是负极

7. 下列有关铜锌原电池（电解质溶液是稀硫酸）的说法中，错误的是（　　）。

A. 锌极质量不断减少　　B. 电解质溶液中 $c(Zn^{2+})$ 增大

C. H^+ 在正极上发电　　D. 铜极质量不断减少

8. 有关电解氯化铜溶液的说法中，错误的是（　　）。

A. 铜离子在阴极上得到电子　　B. 氯离子在阳极上失去电子

C. 氯离子在阳极上发生还原反应　　D. 铜离子在阴极上被还原而析出铜

9. 下列阳离子在同一溶液里且物质的量浓度相同，电解时，最容易在阴极上放电的是（　　）。

A. Cu^{2+}　　B. H^+　　C. Fe^{2+}　　D. Na^+

10. 有关电解硫酸铜溶液的说法中，正确的是（　　）。

A. Cu^{2+} 和 OH^- 未参加电极反应　　B. Cu^{2+} 和 SO_4^{2-} 未参加电极反应

C. H^+ 和 OH^- 未参加电极反应　　　　　D. H^+ 和 SO_4^{2-} 未参加电极反应

11. 下列溶液用惰性电极电解。在阴极上得到氢气，阳极上得到氧气的是（　　）。

A. 盐酸　　　　B. 硫酸钠　　　　C. 氯化钠（饱和）　　　D. 硫酸铜

12. 用惰性电极电解硫酸铜溶液时，阳极上发生的电极反应是（　　）。

A. $Cu^{2+} + 2e \longrightarrow Cu$　　　　　　B. $2H^+ + 2e \longrightarrow H_2\uparrow$

C. $4OH^- - 4e \longrightarrow 2H_2O + O_2\uparrow$　　　D. $Cu + 2e \longrightarrow Cu^{2+}$

三、标出下列氧化还原反应中电子的转移，并指出氧化剂和还原剂。

1. $2Na + 2H_2O \longrightarrow 2NaOH + H_2\uparrow$

2. $MnO_2 + 4HCl \longrightarrow MnCl_2 + Cl_2\uparrow + 2H_2O$

3. $2CuO + C \longrightarrow 2Cu + CO_2\uparrow$

四、根据标准电极电势表，判断下列反应进行的方向：

1. $Ni^{2+} + Zn \longrightarrow Ni + Zn^{2+}$

2. $SnCl_2 + 2FeCl_3 \longrightarrow SnCl_4 + 2FeCl_2$

五、由下列氧化还原反应各组成一个原电池。写出各原电池的电极反应，并用符号表示各原电池。画出其中一个原电池装置。

1. $Cu + 2AgNO_3 \longrightarrow Cu(NO_3)_2 + 2Ag$

2. $2FeCl_3 + Cu \longrightarrow 2FeCl_2 + CuCl_2$

3. $SnCl_2 + HgCl_2 \longrightarrow SnCl_4 + Hg$

单元二　常见元素及其化合物

学习目标

- 掌握卤素及其化合物的主要性质
- 了解酸雨的形成过程，知道硫酸的性质
- 学会硫酸铜晶体的制备方法
- 了解氮气、氨气、硝酸的性质及它们的用途
- 学会氯气、氨气、硫化氢三种气体的制备方法
- 了解金属的通论、金属腐蚀及防腐的方法
- 知道重要金属及其化合物的性质和用途
- 了解配合物的组成，掌握命名方法
- 会鉴定和鉴别物质

项目六　常见非金属元素及其化合物

学习指南

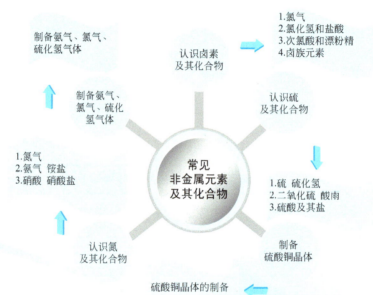

水、空气、土壤、人体都含有丰富的元素，如 Na、Mg、Ca、F、Cl、N、S 等，其中 F、Cl、N、S 属于非金属元素，你认识它们吗？知道它们的性质和用途吗？

任务一　认识卤素及其化合物

知识与能力

- ➤ 掌握卤素及其化合物的性质和用途。
- ➤ 知晓次氯酸的作用和漂粉精的制备方法。

- 掌握 Cl^-、Br^-、I^- 的鉴别方法。
- 能归纳卤素单质性质的变化规律。
- 能用盐酸作一些简单的化学分析或处理生活上的一些小问题。

第一次世界大战期间，德军曾向英法联军释放氯气造成2万多人伤亡，而我们的自来水厂却常用氯气作消毒剂处理水，这是为什么？这种神奇的氯气究竟是怎样一种气体？它又来自哪里？

1. **氯气**（Cl_2）

氯气有毒，对人体有强烈的刺激性，吸入少量的氯气会对呼吸道黏膜产生刺激，引起胸部疼痛和激烈的咳嗽，吸入大量的氯气会窒息死亡。

（1）氯气的物理性质

实验活动

（1）取一瓶氯气，观察氯气的颜色和状态（想一想怎样闻氯气）
实验现象＿＿＿＿＿＿＿＿＿＿＿＿＿＿＿＿＿＿

（2）试验氯气在水中的溶解性
用100mL的针筒抽取50mL的氯气，然后再抽取100mL水，充分振荡。
实验现象＿＿＿＿＿＿＿＿＿＿＿＿＿＿＿＿＿＿

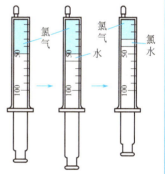

氯气是一种有强烈刺激性气味的黄绿色的有毒气体，能溶于水，常温下1体积水约能溶解2体积氯气，比空气重。氯气经冷却或加压后易液化成液态氯，工业上称为"液氯"，液氯便于储存和运输，储存液氯的钢瓶为草绿色。

（2）氯气的化学性质

氯气的化学性质	跟金属的反应	能跟钠、镁、铁、铜等大多数金属反应
	跟非金属的反应	能跟氢气、磷等非金属反应
	跟碱溶液反应	能与NaOH等碱溶液反应，工业上用氯气和消石灰作原料来制漂粉精
	跟水的反应	自来水的消毒、杀菌就是利用这个反应原理

实验活动

（1）把细铁丝绕成螺旋状，一端系在一根铁丝上，另一端系在一段火柴梗上，点燃火柴梗，立即把细铁丝伸入盛有氯气的集气瓶里
实验现象＿＿＿＿＿＿＿＿＿＿＿＿＿＿＿＿＿＿
化学方程式＿＿＿＿＿＿＿＿＿＿＿＿＿＿＿＿＿＿

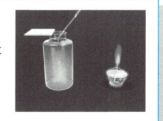

（2）点燃从导管中逸出的氢气，然后把导管伸入盛满氯气的瓶里，观察实验现象。

实验现象＿＿＿＿＿＿＿＿＿＿＿＿＿＿＿

化学方程式＿＿＿＿＿＿＿＿＿＿＿＿＿＿

实验活动

（3）用100mL的针筒抽取50mL的氯气，然后再抽取10mL 15%的氢氧化钠溶液，振荡。观察针筒内发生的变化。

实验现象＿＿＿＿＿＿＿＿＿＿＿＿＿＿＿

化学方程式＿＿＿＿＿＿＿＿＿＿＿＿＿＿

（4）取两瓶干燥的氯气，一瓶放入干燥的色布，另一瓶中放入湿润的色布，观察瓶内所发生的现象。

实验现象＿＿＿＿＿＿＿＿＿＿＿＿＿＿＿

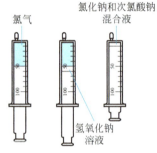

干燥的色布不褪色，而湿润的色布褪色了，为什么呢？用什么方法证明使色布褪色的是盐酸还是次氯酸呢？

（3）氯气的实验室制法

实验室一般用二氧化锰（MnO_2）与浓盐酸反应制取氯气

$$MnO_2 + 4HCl(浓) \xrightarrow{\triangle} MnCl_2 + 2H_2O + Cl_2 \uparrow$$

实验活动

如图6-1所示，在烧瓶里加入少量MnO_2粉末，通过分液漏斗向烧瓶中加入适量浓盐酸，缓缓加热，使反应加速进行。观察实验现象。用向上排空气法收集Cl_2，多余的Cl_2用NaOH溶液吸收。

实验现象＿＿＿＿＿＿＿＿＿＿＿＿＿＿＿

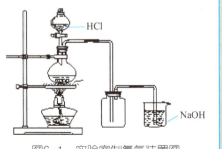

图6-1 实验室制氯气装置图

（1）为什么用向上排空气法收集Cl_2？

（2）为什么多余的Cl_2可以用NaOH溶液吸收？

（3）如图6-1所示的集气瓶中除了Cl_2外可能还含有什么气体？

2. 氯化氢和盐酸

（1）氯化氢（HCl）

实验活动

在圆底烧瓶里充满氯化氢气体。用带有玻璃导管和滴管（滴管里预先吸入水）的双孔塞塞紧瓶口。倒置烧瓶，使玻璃管伸进盛有紫色石蕊溶液的烧瓶之中（如图6-2）观察现象。

实验现象_____

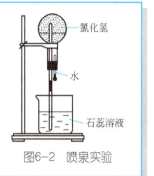

图6-2 喷泉实验

氯化氢是无色并具有刺激性气味的有毒气体，极易溶于水，常温下1体积水溶解约500体积氯化氢。

盐酸是工业的三大强酸之一，你知道盐酸是怎样制得的吗？

（2）盐酸

氯化氢的水溶液叫氢氯酸，俗称盐酸。纯净的盐酸是无色有刺激性气味的液体，具有较强的挥发性。

工业上，常用氯气和氢气在合成炉里生成氯化氢，溶于水制得盐酸。通常市售浓盐酸的密度为$1.19 g·mL^{-1}$，质量分数为0.37。工业用的盐酸略带黄色，是因含有$FeCl_3$杂质。

盐酸是一种强酸，具有酸的通性。

（1）氯气具有哪些化学性质，请用化学方程式表示。

（2）酸具有哪些通性？用化学方程式表示。

3. 次氯酸和漂粉精

（1）次氯酸（HClO）

干燥的氯气能使湿润的有色布条褪色，是因为和水生成了新的物质次氯酸。次氯酸的漂白作用是由于它具有强氧化性，能使有机色素分子氧化而变成无色物质。次氯酸的氧化性还表现在它具有很强的杀菌消毒能力，它的盐类是常用的漂白剂和消毒剂。

次氯酸不稳定，容易分解。

$$2HClO \xrightarrow{光照} 2HCl+O_2\uparrow$$

次氯酸是一种强氧化剂，能杀死水里的细菌，所以自来水厂常用氯气（1m³水里约通入2g氯气）来消毒杀菌。

$$Cl_2+H_2O \rightleftharpoons \underset{次氯酸}{HCl+HClO}$$

为什么常用次氯酸的盐类作漂白剂和消毒剂，而不直接用次氯酸呢？

（2）漂粉精

氯气跟碱反应生成次氯酸盐。次氯酸盐比次氯酸稳定，容易保存，通常用作漂白剂。

工业上用氯气和消石灰作原料来制漂粉精。

$$2Cl_2+2Ca(OH)_2 \longrightarrow CaCl_2+Ca(ClO)_2+2H_2O$$

漂粉精的有效成分是次氯酸钙[$Ca(ClO)_2$]。次氯酸钙在酸性溶液中，可以生成具有强氧化性的次氯酸，故有漂白、杀菌作用。

$$Ca(ClO)_2+2HCl \longrightarrow CaCl_2+2HClO$$

$$Ca(ClO)_2+CO_2+H_2O \longrightarrow CaCO_3\downarrow +2HClO$$

游泳池中的水用漂粉精消毒

> 漂粉精主要用于游泳池水和饮用水消毒，食品工业的环境消毒以及用作家庭、学校、医院及公共场所的清洁卫生剂，工业织物的漂白通常用次氯酸钠。

（1）实验室制取氯气的化学方程式是_____，反应中的氧化剂是_____，还原剂是_____。

（2）多余的氯气可以用NaOH溶液吸收，反应的化学方程式是_____；工业上制取氯气的方程式是_____。

（3）实验室制氧气、氯气都用到MnO_2，它们的作用_____（相同或不相同）。

（4）制取漂粉精的反应式是_____，其中的有效成分为_____。

4. 卤族元素

（1）氟、溴、碘

在所有的非金属元素中，氟的非金属性最强。氟气（F_2）是淡黄绿色的气体，有剧毒，腐蚀性极强。化学性质和氯气相似，但比氯气更活泼。具有很强的氧化性，几乎跟所有的金属反应，且反应十分剧烈。

与氢气混合，在暗处即会发生爆炸，同时放出大量的热。

$$H_2+F_2 \longrightarrow 2HF$$

与水相遇，在常温下和黑暗的地方即会发生剧烈反应，并放出氧气。

$$2F_2+2H_2O \longrightarrow 4HF+O_2\uparrow$$

氟化氢是无色气体，有毒，极易溶于水，它的水溶液为氢氟酸，是一元弱酸。

刻度

氢氟酸能和玻璃中的二氧化硅反应。

$$SiO_2+4HF \longrightarrow SiF_4\uparrow +2H_2O$$

利用这一特性，氢氟酸被广泛用于玻璃器皿上刻蚀花纹和标记。

氟气还能跟许多非金属直接化合，如硫、磷、碳等。许多有机物在氟气里会自发地燃烧。氟气是最活泼的非金属单质。

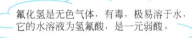

知识窗

聚四氟乙烯(塑料王)

含氟橡胶

制冷剂的"氟里昂"

溴（Br_2）是红棕色的液体，易挥发，溴蒸气有毒，液溴滴在皮肤上会引起严重灼伤，处理溴时要小心。保存溴时，瓶口应密封，并放在阴凉的地方。

碘（I_2）是紫色的晶体，具有金属光泽。碘能升华成为深蓝色蒸气，若混杂有空气，即成紫红色。碘的蒸气具有很强的腐蚀性和毒性。碘能使淀粉溶液变蓝，但碘的化合物却不能。

固态物质不经过液态直接变成气态的现象叫做升华。

实 验 活 动

日常生活中通常食用的是含碘的盐，但市售"碘盐"是不是真的含有碘？如果含碘，那么碘的存在形式又是怎样的呢？

猜想1：食盐中的碘成分以碘单质的形式存在。

猜想2：食盐中的碘成分以碘化物形式存在。

猜想3：食盐中的碘成分以碘酸盐形式存在。

设计实验方案
动手实验，验证猜想
实验结论：_____
原因分析：_____

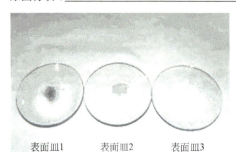
表面皿1　　表面皿2　　表面皿3
食盐与氧化剂反应后滴加淀粉溶液的显色情况

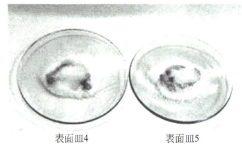
表面皿4　　　　表面皿5
食盐和还原剂反应后滴加淀粉的显色情况

（1）填写下列表格

元素及符号	原子结构示意图
氟　F	
氯　Cl	
溴　Br	
碘　I	

（2）找出各元素的原子结构有什么异同点？

（2）卤素性质的比较

① 卤素单质的物理性质　卤素单质的物理性质有较大的差异。阅读表6-1，从它们的颜色、状态、熔点、沸点等性质中，找出卤素单质物理性质的变化规律。

表6-1　卤素单质的物理性质

单质	常温下状态	颜色	常温时密度	沸点/K	熔点/K
氟气　F_2	气体	淡黄色	$1.690g·L^{-1}$	84.86	53.38
氯气　Cl_2	气体	黄绿色	$3.214g·L^{-1}$	238.4	172
溴　Br_2	液体	深红棕色	$3.119g·mL^{-1}$	331.8	265.8
碘　I_2	固体	紫黑色	$4.930g·mL^{-1}$	457.4	386.5

② 卤素单质的化学性质　卤素原子最外层均有7个电子，它们具有相似的化学性质，在化学反应中容易得电子，具有典型的非金属性。如都能和金属反应，能和氢气反应等。但由于卤素原子的电子层数不同，因此化学性质也有差异。表6-2列出了卤素单质的化学性质。

表6-2　卤素单质的化学性质

卤素单质	与H_2反应	与H_2O反应	与金属反应	置换反应
F_2	冷暗处剧烈化合而爆炸，生成HF很稳定	迅速反应，放出O_2	常温下与所有金属反应	能把其他卤素从它们的卤化物中置换出来
Cl_2	强光下剧烈化合而爆炸，生成HCl较稳定	与水反应生成HCl和HClO	加热时能氧化所有金属	能把溴、碘从它们的卤化物中置换出来
Br_2	高温下缓慢化合，生成HBr不稳定	与水反应，但反应较氯弱	加热可与一般金属反应	能把碘从它们的卤化物中置换出来
I_2	持续加热缓慢化合，生成HI很不稳定，同时发生分解	与水只起微弱的反应	较高温度下能与金属反应，一般生成低价盐	不能把其他卤素从它们的卤化物中置换出来

实 验 活 动

（1）在试管中注入2mL无色的溴化钠溶液，加入2mL新配制的氯水，振荡，观察溶液颜色的变化。再加入1mL四氯化碳，振荡，观察现象。

实验现象_____

化学方程式_____

（2）在试管中注入2mL无色的碘化钾溶液，逐滴滴入2mL溴水，振荡，观察溶液颜色的变化。再加入1mL四氯化碳，振荡，观察现象。

实验现象_____

化学方程式_____

（3）在盛有2mL碘化钾溶液的试管中，加入2mL新配制的氯水，再加入1mL四氯化碳，振荡，观察现象。

实验现象_____

化学方程式_____

溴、碘在水中的溶解度较小，但它们都易溶于酒精、氯仿（$CHCl_3$）、四氯化碳（CCl_4）等有机溶剂中。利用这一性质，我们可以用有机溶剂把溴或碘从水溶液中提取出来。利用溶质在互不相溶的两种溶剂中溶解度不同的性质，用一种溶剂把溶质从它与另一种溶剂所组成的溶液里提取出来的方法叫做萃取。

可见，氯、溴、碘三种元素中，氯比溴活泼，溴比碘活泼。科学实验证明，氟的性质比氯、溴、碘更活泼，所以卤素单质的非金属性（氧化性）强弱为：

$$F_2>Cl_2>Br_2>I_2$$

而卤素阴离子失去电子的能力（还原性）为：

$$F^-<Cl^-<Br^-<I^-$$

（3）卤离子的检验

化学基础

> **实验活动**
>
> 在三支分别盛有2mL 0.1mol·L^{-1} KCl、KBr、KI溶液的试管中,各滴加几滴0.1mol·L^{-1} AgNO$_3$溶液。观察试管中沉淀的生成和颜色。再在三支试管中分别加入少量的稀硝酸,观察现象。
>
> 实验现象_____
>
> 化学方程式_____

AgCl为白色沉淀,AgBr为浅黄色沉淀,AgI为黄色沉淀。而AgF易溶于水,所以F$^-$不能用AgNO$_3$溶液检验。卤离子也可用卤素之间的置换反应来鉴别。

$$Cl^- + Ag^+ \longrightarrow AgCl\downarrow$$
$$Br^- + Ag^+ \longrightarrow AgBr\downarrow$$
$$I^- + Ag^+ \longrightarrow AgI\downarrow$$

有三只失去标签的试剂瓶,分别盛有NaCl、NaBr、KI三种无色溶液,试用两种化学方法鉴别这三种溶液,并写出有关化学方程式。

卤化银的感光性

知识窗

氯化银、溴化银和碘化银的沉淀在见光后都会逐渐变黑,这是由于卤化银在光的作用下,都能分解出极微小的银粒(极微小的银粒呈黑色)的缘故。

$$2AgCl \xrightarrow{\text{光照}} 2Ag + Cl_2$$
$$2AgBr \xrightarrow{\text{光照}} 2Ag + Br_2$$

这种性质叫感光性,利用这个性质,卤化银常用来制作摄影胶卷和感光纸等。常用的变色镜里含有卤化银、氧化铜和稀土元素。

变色镜片在强光作用下卤化银分解出银和卤素,分解出银粒越多,玻璃颜色变得越深。光线减弱时,在氧化铜催化剂的作用下,银又和卤素化合成卤化银,又使玻璃颜色变浅了。

任务二 认识硫及其化合物

知识与能力

> - 知晓硫的存在形式及性质。
> - 知道H$_2$S的性质及对人体的危害。
> - 了解酸雨形成的原因,会鉴定SO$_2$气体。
> - 掌握硫酸的性质,了解硫酸的工业制法及部分硫酸盐的用途,并能用硫酸作一些简单的化学分析或处理生活上的一些小问题。

想一想

2010年8月28日午夜印度尼西亚火山爆发，1.2万居民被迫疏散。

火山喷发时释放巨大能量，同时产生单质硫、许多含硫气体和其他含硫化合物。那么硫究竟是一种什么物质？有什么用途呢？

1. 硫和硫化氢

（1）硫（S）

硫处于元素周期表的ⅥA族（氧族），其原子核最外层有6个电子，容易得到2个电子而显非金属性，在化合物中常显−2价，但当遇到夺电子能力比它强的元素的原子时，最外层6个或4个电子一般也可以发生偏移，生成+6或+4价的化合物。硫元素在地壳中的含量很少，但分布很广。

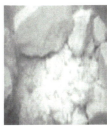

硫黄

纯净的硫：淡黄色晶体，俗称硫黄。不溶于水，微溶于酒精而易溶于二硫化碳。硫很脆，易研成粉末。隔绝空气加热，变成硫蒸气，冷却后变成微细结晶的粉末，称为硫华。

单质硫既有氧化性，又有还原性。既能与许多金属反应，又能与非金属反应。

实验活动

将硫粉和铁粉按4∶6（质量）比例混合均匀后装入大试管中，铺平铺匀，同时在玻璃管下部放小磁铁，用酒精灯给混合物的一端加热，当混合物有红热现象出现后，立即移开酒精灯。

现象＿＿＿＿＿＿＿＿＿＿＿＿＿＿＿＿＿＿＿＿＿＿

化学方程式＿＿＿＿＿＿＿＿＿＿＿＿＿＿＿＿＿＿

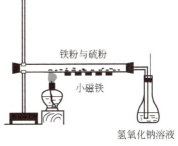

交流与讨论

（1）试写出硫与钠、铜反应的化学方程式。

（2）如果不小心把温度计打破了，如何处理散落的水银？用化学方程式来表示。

（2）硫化氢（H_2S）

硫蒸气与氢气直接化合，生成硫化氢气体。

$$S+H_2 \xrightarrow{\triangle} H_2S$$

硫化氢是具有臭鸡蛋气味的无色气体，密度比空气略大，剧毒。硫化氢能溶于水，常温常压下，1体积水能溶解2.6体积的硫化氢气体，它的水溶液叫做氢硫酸，显弱酸性。

化学基础

硫化氢泄漏中毒

当空气中含有1%的硫化氢时，就会引起头痛、眩晕，吸入较多量时，会引起中毒昏迷，甚至死亡。动植物体内均含硫，腐败时会产生硫化氢气体。

硫化氢气体的检测

知识窗

硫化氢气体有剧毒，用什么简便方法可以测定硫化氢呢？我们可用湿润的醋酸铅试纸接触气体，如果醋酸铅试纸变黑，就可以确定气体中有硫化氢。

$$Pb(Ac)_2 + H_2S \longrightarrow PbS\downarrow + 2HAc$$

2. 二氧化硫和酸雨

（1）二氧化硫（SO_2）

硫与氧气反应生成二氧化硫，化合价从0价变为+4价，体现了硫的还原性。

$$S + O_2 \xrightarrow{\text{点燃}} SO_2$$

二氧化硫是有刺激性气味、无色、有毒的气体，密度比空气重（约为空气的2.2倍）。常温常压下，1体积水能溶解40体积的二氧化硫。

二氧化硫分子中硫的化合价（+4）处于中间价态，因此它既有氧化性，又有还原性。如：

$$SO_2 + 2H_2S \longrightarrow 3S\downarrow + 2H_2O \quad （SO_2的氧化性）$$

$$2SO_2 + O_2 \xrightarrow[400\sim500℃]{V_2O_5} 2SO_3 \quad （SO_2的还原性）$$

二氧化硫还具有漂白性，能与一些有机色素结合成无色化合物。工业上常用它来漂白纸张、毛、丝、草帽辫等。生成的无色化合物不稳定，容易分解而恢复原来有色物质的颜色。

实验活动

试管中加入1/3体积1%的品红溶液，通入二氧化硫气体。

现象_____

当试管中液体发生变化后，再给试管加热。

现象_____

结论_____

二氧化硫具有哪些性质？二氧化硫属于什么氧化物？

（2）酸雨

二氧化硫能造福于人类，但也会给人类造成危害。大量的二氧化硫散发到大气中，被雨水吸收就会成为对人类有害的酸雨。

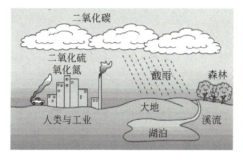

酸雨是指pH小于5.65的酸性降水。酸雨的成因很多，主要是人为的向大气中排放大量酸性物质造成的。我国的酸雨主要是因大量燃烧含硫量高的煤而形成的，多为硫酸雨，少为硝酸雨，此外，各种机动车排放的尾气也是形成酸雨的重要原因。

二氧化硫形成酸雨主要源于化石燃料的燃烧：

$$S + O_2 \xrightarrow{\text{点燃}} SO_2$$

$$SO_2 + H_2O \rightleftharpoons H_2SO_3（亚硫酸）$$

$$2H_2SO_3 + O_2 \longrightarrow 2H_2SO_4（硫酸）$$

（1）酸雨是怎样形成的？

（2）查阅资料，说明酸雨对自然界的危害？

3. 硫酸及其盐

（1）硫酸（H_2SO_4）

① 硫酸的性质

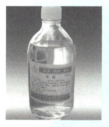

硫酸

纯硫酸：无色油状液体，是一种难挥发的强酸。市售浓硫酸的质量分数约为0.98，沸点是338℃，密度为1.84g·mL^{-1}。硫酸和水能以任意比例混合，同时产生大量的热。

硫酸是最重要的化工原料之一，稀硫酸和盐酸一样具有酸的通性，能与金属、金属氧化物、碱等反应，而且浓硫酸具有很高的沸点，用浓硫酸能制得盐酸、硝酸和其他一些强酸。如：

$$NaCl + H_2SO_4 \xrightarrow{\text{微热}} NaHSO_4 + HCl \uparrow$$

盐酸、硫酸、硝酸是工业上常见的三大强酸，而硫酸为什么被认为是众酸之"王"呢？

浓硫酸除了具有酸的通性外，还具有一些特性。

实验活动

取三块表面皿,分别放入少量纸屑、糖、棉花,再分别滴入1～3滴管98%的浓硫酸。

现象_____

结论_____

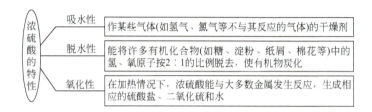

实验活动

如图6-3所示,在a试管中放入一小块铜片,加入5mL浓硫酸,b试管里盛有0.1%的品红溶液,c试管里盛有氢氧化钠溶液,给a试管微微加热。反应后,把a试管里的溶液慢慢倒入盛有少量水的另一个试管中。

现象_____

化学方程式_____

讨论:上述装置中的品红试液和氢氧化钠溶液分别有什么用途?

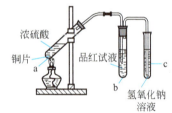

图6-3 浓硫酸与金属的反应实验

人们常用铁桶来储存和运输冷的浓硫酸。因为常温下,浓硫酸与某些金属(如铁、铝)接触,使金属表面生成一层致密的氧化物,从而阻止内部金属继续与浓硫酸发生反应。这种现象叫做金属的"钝化"。

加热时,浓硫酸还能与某些非金属(如碳、硫)发生氧化还原反应。例如,把烧红的木炭投入到热的浓硫酸中,会发生剧烈的反应。

$$C+2H_2SO_4(浓) \xrightarrow{\triangle} CO_2\uparrow +2SO_2\uparrow +2H_2O$$

(1)试判断碳与浓硫酸反应中的氧化剂和还原剂。

(2)当皮肤上不慎沾上浓硫酸时,怎样处理?

(3)浓硫酸使用后为什么要及时将盖子盖紧?

② 硫酸的工业制法(接触法) 接触法制硫酸可以用硫黄、黄铁矿、石膏、有色金属冶炼厂的烟气(含有一定量的SO_2)等作原料。

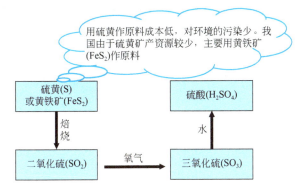

二氧化硫的产生：

$$4FeS_2+11O_2 \xrightarrow{\text{焙烧}} 2Fe_2O_3+8SO_2\uparrow$$

三氧化硫的生成：

$$2SO_2+O_2 \underset{V_2O_5}{\overset{400\sim500℃}{\rightleftharpoons}} 2SO_3$$

三氧化硫的吸收：

$$SO_3+H_2O \longrightarrow H_2SO_4$$

三氧化硫（SO_3）是无色易挥发的晶体。它是酸性氧化物，具有酸性氧化物的通性。三氧化硫极易溶于水，生成硫酸，所以三氧化硫也叫硫酸酐。由于反应中放出的热量使水蒸发，和硫酸酐结合成酸雾，使吸收速率变慢，不利于三氧化硫的吸收。所以，在实际生产中用98.3%的浓硫酸来吸收三氧化硫，可以避免因生成酸雾而造成损失，并提高三氧化硫的吸收效率。

 交流与讨论

（1）我们可以采取哪些措施提高焙烧黄铁矿的速率？

（2）在硫酸生产中会产生哪些污染物？

（2）硫酸盐

① 重晶石　天然$BaSO_4$又称重晶石，由于其中含有$CaCO_3$等杂质。可用稀HCl或稀HNO_3检验。硫酸钡不溶于水也不溶于酸，所以实验室里常用这一性质检验硫酸根离子的存在。

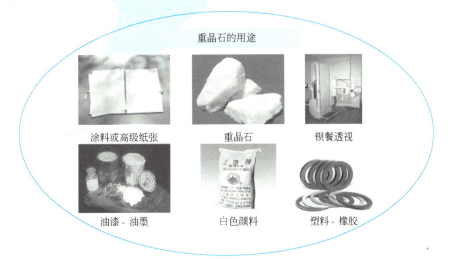

重晶石的用途

实验活动

在分别盛有少量稀H_2SO_4、Na_2SO_4、Na_2CO_3溶液的试管中，各滴入几滴$BaCl_2$溶液。

现象_____

化学方程式_____

再在三支试管里分别加入少量盐酸，振荡试管。

现象_____

化学方程式_____

② 胆矾（$CuSO_4 \cdot 5H_2O$） 无水硫酸铜是白色的粉末。含有五个结晶水的硫酸铜（$CuSO_4 \cdot 5H_2O$）俗称胆矾，是天蓝色晶体。

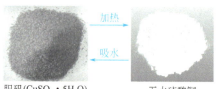

胆矾($CuSO_4 \cdot 5H_2O$)　　无水硫酸铜

胆矾加热后逐步失去结晶水，变成白色的无水硫酸铜粉末。反过来，无水硫酸铜吸水后会变成蓝色。利用这一性质，可检验乙醇、乙醚等有机物中是否含有水。

硫酸铜水溶液有强力的杀菌作用，农业上主要用于防治果树、麦芽、马铃薯、水稻等多种病害。胆矾可以与石灰乳配成杀虫的农药，称波尔多液，作农业杀虫剂。在电解法精炼铜或镀铜工业中，硫酸铜可作为电解液。硫酸铜还可用作纺织品媒染剂、水的杀菌剂、饲料添加剂。

③ 石膏（$CaSO_4 \cdot 2H_2O$） 石膏是带有两个结晶水的硫酸钙，在自然界中分布很广。

$$CaSO_4 \cdot 2H_2O \underset{\text{加水}}{\overset{\text{加热}(150\sim170℃)}{\rightleftharpoons}} 2CaSO_4 \cdot H_2O$$

　　石膏　　　　　　　　　　　　　　熟石膏

熟石膏通常用来铸型和制造其他模型，医疗上用来做石膏绷带。

任务三　制备硫酸铜晶体

知能目标

- 巩固硫酸的相关知识。
- 练习加热、溶解、蒸发、结晶、减压抽滤等基本操作。
- 学会硫酸铜晶体的制备方法。

解析原理

反应式为：$CuO+H_2SO_4 \longrightarrow CuSO_4+H_2O$，在工业上制备胆矾时，先把铜烧成氧化铜，然后与适当浓度的硫酸作用生成硫酸铜。由于$CuSO_4$的溶解度随温度的改变有较大的变化，所以当蒸发浓缩、冷却溶液时，就可以得到硫酸铜晶体。

仪器与药品

锥形瓶（150mL）、烧杯（250mL）、玻璃棒、量筒（25mL）、酒精灯、布氏漏斗、抽滤瓶、蒸发皿、滤纸、CuO、10%H_2SO_4等。

操作过程

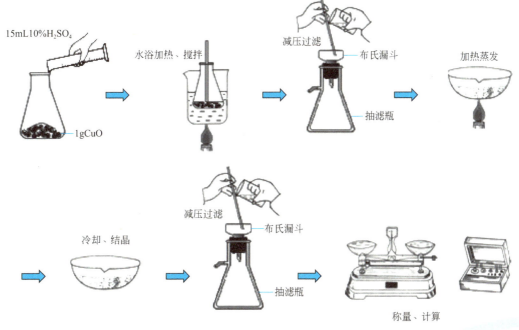

温馨提示

- 待黑色固体粉末(氧化铜)完全反应后才可以停止加热。
- 减压过滤结束后应先拔去连接布氏漏斗的橡皮管。
- 加热蒸发时看到表面皿内侧边缘出现少量白色晶体即可停止。

任务四　认识氮及其化合物

知识与能力

- 了解氮气的性质。
- 了解氨及铵盐的性质和用途。
- 掌握硝酸的性质，了解硝酸盐的不稳定性。
- 通过氮元素的学习，能概括氮族元素的基本性质。
- 培养分析处理、概括总结的能力和合作学习的能力。

想一想　你知道空气中含量最多的元素是什么吗？

氮族元素的原子最外层有5个电子，主要化合价有-3、+2、+4、+5。氮和磷主要表现出非金属性；砷虽然是非金属，但表现出一定的金属性；锑和铋已有较明显的金属性。

1. 氮气（N_2）

氮气是空气的主要成分，约占空气组成的78%（体积）。氮也以化合态存在于多种无机物和有机物之中，是构成蛋白质和核酸不可缺少的元素。

（1）氮气的物理性质

纯净的氮气是一种无色、无味、难溶于水的气体，密度比空气稍小。在常压下，氮气在77.4K时变成无色液体，在63.3K时变成雪花状固体。工业上用分馏液态空气的方法来制取大量的氮气。

在空气中氮气的含量最多，但在空气中燃烧通常指与氧气反应，你知道为什么吗？

> 氮气分子中，2个氮原子共用3对电子形成共价键 :N⋮⋮N: 构造式为：$N \equiv N$。
> 从氮分子结构可知，由于氮分子中的3个共价键很牢固，使氮分子的结构很稳定。

通常状况下，氮气的化学性质不活泼，很难与其他物质发生化学反应。但在一定条件下，也能与某些活泼金属、氢气、氧气等物质发生反应。

（2）氮气的化学性质

> 氮的固定（简称固氮）：将空气中游离态的氮转变为含氮化合物的方法。在放电条件下氮气与氧气直接化合，根瘤菌将空气中的氮气通过生物化学过程转化为含氮化合物等均属于氮的固定。氮的固定主要有自然固氮和人工固氮（工业固氮）。

氮气的用途如图6-4所示。

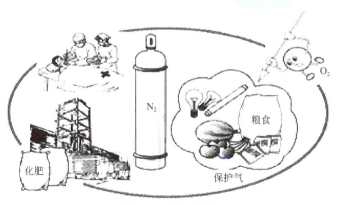

图6-4　氮气的用途

2. 氨气和铵盐

氨（NH_3）是氮的气态氢化物。氨分子中氮原子以3个共价键分别与3个氢原子连接。氨分子的结构成三角锥形（见图6-5），氮原子位于锥顶，3个氢原子位于锥底，所以氨分子是极性分子。

图6-5　氨分子结构模型

（1）氨气的物理性质

氨气是无色、有强烈刺激性气味的气体，比空气轻，极易溶于水，常温下，1体积水约吸收700体积的氨。氨很容易液化，在常压下冷却至239.65K或在常温下加压至700～800kPa，气态氨就液化成无色液体，同时放出大量热。液态氨汽化时要吸收大量的热，使周围的温度急剧下降，所以液氨常用作制冷剂。

氨气对人的眼、鼻、喉等黏膜有刺激作用，接触时应小心，如果不慎接触过多的氨而出现病状，要及时吸入新鲜空气和水蒸气，并用大量的水冲洗眼睛。

（2）氨气的化学性质

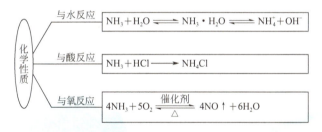

实验活动

如图6-6，在干燥的圆底烧瓶里充满氨气，用带有尖嘴玻璃管和滴管（滴管里预先吸入水）的塞子塞紧瓶口，立即倒置烧瓶，使玻璃管插入盛有水的烧杯里（水里事先加入少量的酚酞试液），挤压滴管胶头，使少量水进入烧瓶，烧杯里的水即由玻璃管吸入烧瓶。

实验现象＿＿＿＿＿＿＿＿＿＿＿＿＿＿＿＿＿＿＿

化学方程式＿＿＿＿＿＿＿＿＿＿＿＿＿＿＿＿＿＿

氨水不稳定，受热分解生成氨和水。

化学方程式＿＿＿＿＿＿＿＿＿＿＿＿＿＿＿＿＿＿

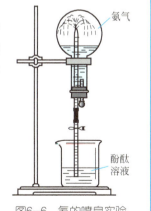

图6-6　氨的喷泉实验

 交流与讨论

上述实验为什么会形成红色的喷泉呢？

化学基础

> **实验活动**
>
> 取两支玻璃棒，分别蘸取浓氨水和浓盐酸，使两支玻璃棒靠近（但不接触）。
> 实验现象_____
> 化学方程式_____

写出氨与硝酸、硫酸反应生成相应盐的化学反应方程式。

知识窗 — 氨的用途

纯碱　　　硝酸　　　制冷剂　　　有机合成

（3）铵盐

铵盐都是晶体，能溶解于水。

氯化铵受热分解为氨气和氯化氢，冷却时氨和氯化氢又化合成氯化铵。

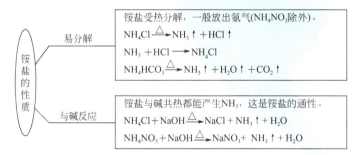

> **实验活动**
>
> 如图6-7给试管里的氯化铵晶体加热。
> 实验现象_____
> 化学方程式_____

图6-7　氯化铵受热分解

交流与讨论

在实验室中如何证明某白色固体物质是铵盐？总结检验铵离子的方法。

实验活动

如图6-8所示，在试管中加入少量的NH_4Cl和$Ca(OH)_2$的混合物，加热，将湿润的红色石蕊试纸放在试管口处。

实验现象＿＿＿＿＿＿＿＿＿＿＿＿＿＿＿＿

化学方程式＿＿＿＿＿＿＿＿＿＿＿＿＿＿＿

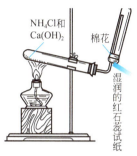

图6-8 制取氨气

交流与讨论

（1）制取氨的反应原理如何？

（2）如何检验氨是否收集满？能否用排水法收集氨？

（3）装置中收集氨的试管口放置的棉花其作用是什么？

知识窗 —— 铵盐的用途

氮肥(硫酸铵)　　干电池的电解质　　用于染料工业　　制造炸药

交流与讨论

你知道制炸药常用的酸是哪一种吗？

3. 硝酸和硝酸盐

（1）硝酸的制备

工业上常用氨的催化氧化来制取硝酸（HNO_3）。

$$4NH_3 + 5O_2 \xrightarrow[Pt]{\triangle} 4NO + 6H_2O$$

$$2NO + O_2 \longrightarrow 2NO_2$$

$$3NO_2 + H_2O \longrightarrow 2HNO_3 + NO$$

尾气的吸收：

$$NO + NO_2 + 2NaOH \longrightarrow 2NaNO_2 + H_2O$$

（2）硝酸的物理性质

纯硝酸是无色、易挥发、具有刺激性气味的油状液体，沸点356K，密度1.503g·cm^{-3}。一般市售浓硝酸质量分数大约为69%，密度1.42g·cm^{-3}。质量分数为98%的硝酸，由于强烈的挥发性，不断地有气体从溶液中向外逸出，就像有烟冒出一样，通常称为"发烟硝酸"。

（3）硝酸的化学性质

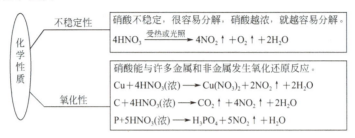

化学性质	不稳定性	硝酸不稳定，很容易分解，硝酸越浓，就越容易分解。 $4HNO_3 \xrightarrow{\text{受热或光照}} 4NO_2\uparrow + O_2\uparrow + 2H_2O$
	氧化性	硝酸能与许多金属和非金属发生氧化还原反应。 $Cu + 4HNO_3(浓) \longrightarrow Cu(NO_3)_2 + 2NO_2\uparrow + 2H_2O$ $C + 4HNO_3(浓) \longrightarrow CO_2\uparrow + 4NO_2\uparrow + 2H_2O$ $P + 5HNO_3(浓) \longrightarrow H_3PO_4 + 5NO_2\uparrow + H_2O$

实验活动

在两支试管中各放入一小块铜片，分别加入少量的浓硝酸和稀硝酸，立即用无色透明塑料袋将试管口罩上并系紧，如图6-9所示，观察发生现象。然后，将加稀硝酸的试管上的塑料袋稍稍松开，使少量空气进入塑料袋并系紧，观察发生的现象。

实验现象（1）_____
实验现象（2）_____
化学方程式_____
结论_____

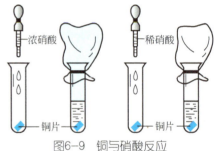

图6-9 铜与硝酸反应

 **交流与讨论**

（1）根据上述实验，比较浓硝酸和稀硝酸的氧化性强弱。
（2）浓硝酸为什么呈黄色？在实验室里硝酸应该如何保存？

> 王水：浓硝酸和浓盐酸的混合物（体积比1∶3）。王水能使一些不溶于硝酸的金属如金、铂等溶解。

知识窗 —— 硝酸的用途

炸药

化肥

药物

化学试剂

（4）硝酸盐

硝酸盐大多数是无色易溶于水的晶体。硝酸盐受热易分解。不同金属的硝酸盐加热分解产物不同，产物与成盐金属活泼性有关：

K Ca Na	Mg Al Zn Fe Sn Pb (H) Cu	Hg Ag Pt Au
亚硝酸盐+O_2	金属氧化物+NO_2+O_2	金属+NO_2+O_2

$$2KNO_3 \xrightarrow{\triangle} 2KNO_2 + O_2 \uparrow$$

$$2Cu(NO_3)_2 \xrightarrow{\triangle} 2CuO + 4NO_2 \uparrow + O_2 \uparrow$$

$$2AgNO_3 \xrightarrow{\triangle} 2Ag + 2NO_2 \uparrow + O_2 \uparrow$$

硝酸盐受热分解都放出氧气，因此，固体硝酸盐在高温时是强氧化剂，若与可燃物混合，点燃后会迅速燃烧甚至发生爆炸。硝酸盐广泛用于制造炸药、弹药、烟火和化肥，也用于电镀、选矿、玻璃、染料、制药等工业。

知识窗

氮元素在自然界中的循环

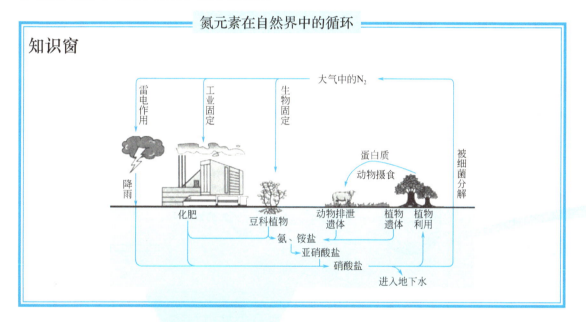

任务五　制备氨气、氯气、硫化氢气体

知能目标

- 知晓玻璃仪器组装的原则。
- 了解组装气体制备装置的顺序。
- 初步学会气体制备装置的选择与组装。
- 学会氯气、氨气、硫化氢三种典型气体的制备方法。

仪器与药品

铁架台、铁圈、铁夹、石棉网、分液漏斗、安全漏斗、圆底烧瓶（250mL）、大试管、单孔橡皮塞、双孔橡皮塞、90°玻璃导管、橡皮管、集气瓶、酒精灯、MnO_2、浓盐酸、NH_4Cl、$Ca(OH)_2$等。

化学基础

温馨提示

- 组装气体制备装置时应遵循"由下往上、从左到右"的原则。
- 如发现装置有漏气，检查后调整或更换仪器。
- 加料时应注意化学品使用安全和操作的规范。

操作过程

- 选择与组装气体制备装置

气体制备装置的组装顺序：发生装置→净化装置→收集装置→除尾气装置

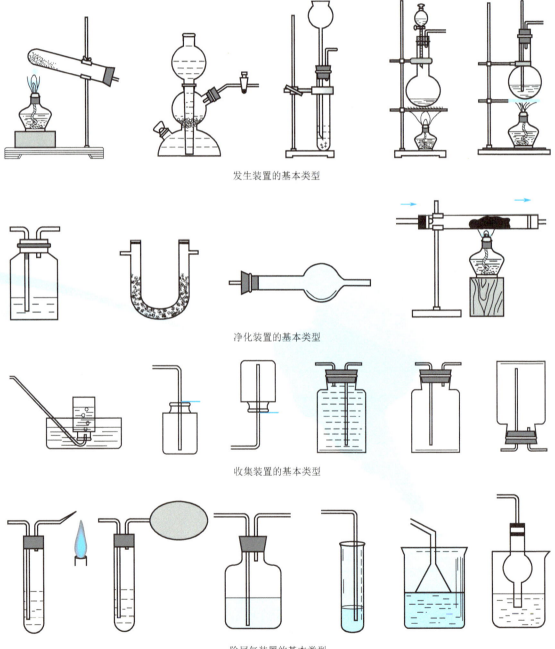

发生装置的基本类型

净化装置的基本类型

收集装置的基本类型

除尾气装置的基本类型

➢ 检查装置的气密性

微热法

液封法

阅读材料

硫酸生产简介

硫酸是许多工业产品的重要原料。在农业上主要用于生产化肥和农药。在工业上，如有机合成工业、金属冶炼、石油加工、无机制备、原子能工业等都要用到硫酸。所以硫酸号称"工业之母"是名副其实的。

接触法是目前广泛采用的方法，它创始于1831年，在20世纪初才广泛用于工业生产。到20年代后，由于钒催化剂的制造技术和催化效能不断提高，已逐步取代价格昂贵和易中毒的铂催化剂。世界上多数的硫酸厂都采用接触法生产。接触法硫酸生产流程简图见图6-10。

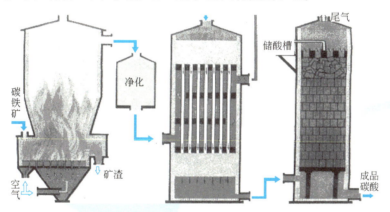

图6-10 接触法硫酸生产流程简图

接触法是将硫黄或黄铁矿在空气中燃烧或焙烧，以得到二氧化硫气体，再将二氧化硫氧化为三氧化硫，最后用98.3%H_2SO_4化合成浓度更高的硫酸。

二氧化硫转化为三氧化硫是生产硫酸的关键：二氧化硫于转化器中，在钒催化剂存在下进行催化氧化。

钒催化剂是典型的液相负载型催化剂，它以五氧化二钒为主要活性组分，碱金属氧化物为助催化剂，硅藻土为催化剂载体，有时还加入某些金属或非金属氧化物，以满足强度和活性的特殊需要。

三氧化硫的吸收：转化工序生成的三氧化硫经冷却后在填料吸收塔中被吸收。吸收反应虽然是三氧化硫与水的结合，但不能用水进行吸收，否则将形成大量酸雾。工业上采用98.3%硫酸作吸收剂，因其液面上水、三氧化硫和硫酸的总蒸气压最低，故吸收效率最高。出吸收塔的硫酸浓度因吸收三氧化硫而升高，须向98.3%硫酸吸收塔循环槽中加水并在干燥塔与吸收塔间相互串酸，以保持各塔酸浓度恒定。成品酸由各塔循环系统引出。

化学基础

项目小结

1. 卤素
   - 卤素单质的物理性质
   - Cl_2、Br_2、I_2 的主要化学性质
   - 卤素单质的特性
2. 硫及其化合物
   - S 的主要性质
   - H_2S、SO_2、H_2SO_4 的主要性质
3. 氮及其化合物
   - N_2 的主要性质
   - NH_3、铵盐、硝酸的主要性质

复习题

一、填空题

1. 卤素原子最外层都有_____个电子，具有典型的_____性，在化学反应中容易_____电子。从氟到碘，_____逐渐减弱，其中_____是最活泼的非金属元素。

2. 卤族元素的性质变化：（填">"或者"<"）

   氧化能力：F_2____Cl_2____Br_2____I_2。

   还原能力：F^-____Cl^-____Br^-____I^-。

3. 氯气的颜色是_____，溴水的颜色是_____，固体碘的颜色是_____，$BaSO_4$ 的颜色是_____，AgBr 的颜色是_____，AgI 的颜色是_____。

4. 实验室制取氯气是用_____或_____与浓盐酸加热反应，多余的氯气可以用_____溶液吸收。工业上用_____制取氯气。

5. 次氯酸稳定性_____，光照下迅速分解为_____。

6. 鉴别 Cl^-、Br^-、I^- 可以选用的试剂是_____。

7. 二氧化硫是_____色，有_____气味的_____毒气体，它溶于水生成_____，二氧化硫既有_____性，又有_____性。

8. 浓硫酸可以干燥氢气、氧气等气体，是利用了浓硫酸的_____性，浓硫酸使蔗糖炭化时，表现了_____性。

9. 浓硫酸能用铝制或铁制的容器来盛装，原因是_____。

10. 氮族元素位于元素周期表中第_____族，最外层有_____个电子，最高正价为____价。随着核电荷数的增加，其原子半径逐渐_____，原子核吸引电子的能力依次_____，因而金属性逐渐_____，非金属性逐渐_____。

11. 氨是_____色的气体，容易_____化，极易溶于水，在溶液中可以少部分分解离成_____和_____，所以氨水显弱_____性。

12. 铵盐和碱反应生成_____，利用这一性质可检验_____离子的存在。

13. 硝酸的稳定性_____。常温下，浓硝酸见光或受热能分解成_____，所以应将它保存在_____瓶中，储放在_____的地方。

二、选择题

1. 下列物质中属于纯净物的是（ ）。
   A. 盐酸　　　　　B. 氯水　　　　　　C. 液氯　　　　　　D. 漂粉精

2. 下列气体中易溶于水的是（ ）。
   A. H_2　　　　　B. O_2　　　　　　C. Cl_2　　　　　　D. HCl

3. 下列物质中有漂白作用的是（ ）。
   A. Cl_2　　　　　B. $CaCl_2$　　　　　C. HClO　　　　　　D. $Ca(ClO)_2$

4. 下列酸中能腐蚀玻璃的是（ ）。
   A. 盐酸　　　　　B. 氢氟酸　　　　　C. 硫酸　　　　　　D. 硝酸

5. 下列物质暴露在空气中，不会变质的是（ ）。
   A. 硫　　　　　　B. 氢硫酸　　　　　C. 亚硫酸　　　　　D. 烧碱

6. 在与金属的反应中，硫比较容易（ ）。
   A. 得到电子，是还原剂　　　　　　B. 失去电子，是还原剂
   C. 得到电子，是氧化剂　　　　　　D. 失去电子，是氧化剂

7. 我国评价城市空气的质量，经常监测的污染物是（ ）。
   A. SO_2、CO、O_3、NO_2（氮氧化物）、可吸入颗粒物　　B. SO_2、CO_2、NO、灰尘、水蒸气
   C. SO_2、CO_2、N_2、NO_2、可吸入颗粒物　　　　　　D. HCl、CO_2、NH_3、NO_2、灰尘

8. 下列有关浓硫酸的叙述中，正确的是（ ）。
   A. 加热条件下浓硫酸与铜反应表现出浓硫酸的酸性和强氧化性
   B. 常温下浓硫酸使铁、铝钝化，体现浓硫酸的酸性和氧化性
   C. 浓硫酸用作干燥剂是利用它的脱水性
   D. 浓硫酸与C、S等非金属反应表现出浓硫酸的酸性和强氧化性

9. 氮分子的结构很稳定的原因是（ ）。
   A. 氮分子是双原子分子　　B. 在常温、常压下，氮分子是气体
   C. 氮是分子晶体　　　　　D. 氮分子中有三个共价键，其键能大于一般的双原子分子

10. 关于氨的下列叙述中，错误的是（ ）。
    A. 是一种制冷剂　　B. 氨在空气中可以燃烧　　C. 氨极易溶于水　　D. 氨水是弱碱

三、写出下列反应的化学方程式

1. 实验室制取氯气
2. 工业上制取氯气
3. 制取漂粉精
4. 用硫铁矿（FeS_2）制取硫酸
5. 浓硫酸与铜反应
6. 氢氧化钡溶液与硫酸反应
7. 氢硫酸与硫酸铜溶液反应
8. 铵盐与氢氧化钠共热
9. 稀硝酸与铜反应

项目七　常见金属元素及其化合物

学习指南

导弹

人造丝

铝合页

铁锅

已发现的一百多种元素中，大约有4/5是金属。金属在工业、日常生活、国防中起着非常重要的作用，在各行各业都有广泛应用。

任务一　了解金属通性

知识与能力

> - 掌握金属键的概念，知道金属的通性和金属冶炼的方法。
> - 知晓金属腐蚀的原因和防腐方法。
> - 能分析出生活中遇到的金属所用的防腐方法，并能对某些金属作简单的防腐。
> - 能运用金属的相关知识解释或处理生活中的一些小问题。

　我们都知道金属能导电、导热、且能塑造成各种形状，但你知道为什么吗？你能从图7-1中知道金属的原子间是靠什么连接在一起呢？

金属元素原子结构的特点是最外层上的电子数较少，一般为1～3个，最外层电子与原子核的联系比较松散，故容易失去。

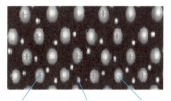

图7-1　金属结构示意

金属内部交替排列着金属原子和金属离子，两者之间又存在从金属原子上脱落的自由移动的电子。像这种通过运动的自由电子，使金属原子和金属阳离子相互联结在一起的键，叫金属键。

1. 金属的通性

（1）金属的物理性质

大多数金属具有以下物理性质：

① 具有金属光泽

银块

银粉

锌块

锌粉

自由电子吸收各种光，同时自由电子又能将大部分光发射出来。

块状：银白色或灰色（除铜、金等少数金属外）

粉状：黑色或暗灰色（除镁、铝等保持原有光泽）

② 导电性

铜丝

在外加电场的条件下，自由电子在金属里会发生定向运动，因而形成电流。

109

③ 导热性

饭锅(铝质)

加热锅套(铝合金)

金属某部分受热时,加速了自由电子的运动,通过碰撞,自由电子就可以把能量传给金属离子。

④ 延展性

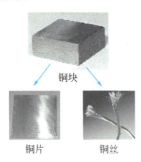

铜块

铜片　　铜丝

金属晶体是层状结构,当金属受外力作用时,各层之间的金属原子或金属阳离子会发生相对的滑动。

金属有许多相似的性质,也有自己独特的性质,主要有:①硬度和强度;②密度;③熔点;④抗腐蚀性(一般而言,越活泼的金属,越容易腐蚀。如金和铁比较,金的抗腐蚀性很好,可以永远保持光泽,而铁就会慢慢受到空气侵蚀,形成铁锈)。又如钠与铁比较:

性质	钠	铁
硬度	软(能用刀切割)	很硬
密度	低密度(可浮在水上)	高密度(沉于水中)
熔点	低熔点(371K)	高熔点(1812K)

影响金属价格的因素有哪些?

(2)金属的化学性质

金属化学性质的特征是金属在化学反应中,容易失去**最外层**电子而被氧化,变成阳离子。金属通常易失去电子,表现出较强的还原性。但各种金属**失去**电子的能力是不相同的,即它们的化学活泼性各有差异。越容易失去电子的金属,化学性质越**活泼**,越易与其他物质发生反应,即还原能力越强。

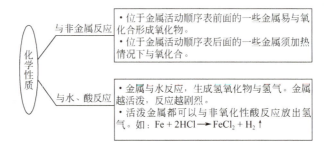

实验活动

在两支试管中分别装入少量蒸馏水,并各加酚酞数滴,再将两小块金属钙、镁分别投入试管中,观察现象。

现象＿＿＿＿＿＿＿＿＿＿＿＿＿＿＿＿＿＿＿＿＿

化学方程式＿＿＿＿＿＿＿＿＿＿＿＿＿＿＿＿＿＿

再将放镁的试管置于酒精灯上加热,观察反应现象。

现象＿＿＿＿＿＿＿＿＿＿＿＿＿＿＿＿＿＿＿＿＿

化学方程式＿＿＿＿＿＿＿＿＿＿＿＿＿＿＿＿＿＿

练习与实验

写出两种金属与氧气、水、酸反应的化学方程式。

2. 金属的冶炼

冶炼

自然界中的大多数金属以化合态的形式存在,而日常应用的金属材料都为合金或纯金属,这就需要把金属从矿石中提炼出来,这也就是人们常说的金属的冶炼。

金属的冶炼是利用氧化还原反应,使金属化合物中的金属离子(化合态)得到电子变成金属原子(游离态)。

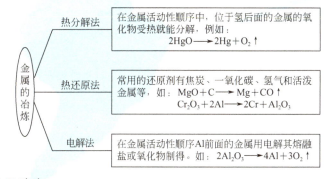

3. 金属的腐蚀及防腐

金属和周围介质接触,发生化学作用或电化学作用而引起的破坏称为金属腐蚀。金属腐蚀会污染环境,恶化劳动条件,危害人体健康,影响产品质量,甚至造成事故,其损失更是无法估计。

(1) 金属的腐蚀

由于金属接触的介质不同,发生腐蚀的情况也不同。一般可分为:化学腐蚀和电化学腐蚀两种。

① 化学腐蚀　金属直接与周围介质发生氧化还原反应而引起的金属腐蚀。

铁生锈

铜氧化

在一定温度下金属和干燥气体（如 O_2、H_2S、SO_2、Cl_2 等）接触时，在金属表面产生相应的化合物（氧化物、硫化物、氯化物等）。

温度升高，化学腐蚀的速率加快。如钢材在常温和干燥的空气中不易受到腐蚀，但在高温下，容易被空气中的氧所氧化，生成一层氧化皮。

金属在非电解质溶液中，如有机液体（苯等）以及含硫的石油中发生的腐蚀，也是化学腐蚀。

如果能形成一层致密的覆盖在金属表面上的化合物，反而可以保护金属内部，使腐蚀速率降低。如常温下铝在空气中，表面能生成一层致密的氧化物薄膜，保护铝免遭进一步氧化。

② 电化学腐蚀　金属和电解质溶液接触时，由于电化学作用而引起的腐蚀。电化学腐蚀的原理实质上就是原电池原理。如钢铁制品在潮湿空气中的腐蚀：

- 钢铁中除了铁以外，还含有比它不活泼的杂质如 C、Si、P、S、Mn 等；
- 潮湿空气中，钢铁表面吸附着一层水膜，其中溶有 O_2、CO_2、SO_2 等，起着电解质溶液的作用；
- 铁为负极，杂质为正极，在金属表面形成无数微小的原电池，也称微电池。

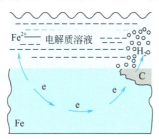

图7-2　析氢腐蚀

钢铁表面吸附的水膜呈酸性时：

负极（Fe）　$Fe - 2e \longrightarrow Fe^{2+}$

正极（杂质）　$2H^+ + 2e \longrightarrow H_2$

在腐蚀过程中有 H_2 析出，称为析氢腐蚀（见图7-2）。

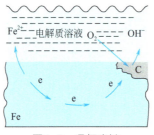

图7-3　吸氧腐蚀

一般情况下，钢铁表面吸附的水膜酸性很弱或是中性溶液：

负极（Fe）　$Fe - 2e \longrightarrow Fe^{2+}$

正极（杂质）　$2H_2O + O_2 + 4e \longrightarrow 4OH^-$

在腐蚀过程中 O_2 接受电子而被还原，称为吸氧腐蚀。钢铁等金属的腐蚀主要是吸氧腐蚀（见图7-3）。

电化学腐蚀和化学腐蚀都是铁等较活泼金属原子失去电子而被氧化，但是电化学腐蚀是通过微电池反应发生的。这两种腐蚀往往同时发生，只是电化学腐蚀比化学腐蚀要普遍得多，腐蚀速率也快得多。

（2）金属的防腐

针对金属腐蚀的原因采取适当的方法防止金属腐蚀，常用的方法有：

① 改变金属的内部组织结构

制造各种耐腐蚀的合金，如在普通钢铁中加入铬、镍等制成不锈钢。

② 保护层法

在金属表面覆盖保护层，使金属制品与周围腐蚀介质隔离，防止腐蚀。如：在钢铁制件表面涂上机油、凡士林、油漆或覆盖搪瓷、塑料等耐腐蚀的非金属材料。

③ 电化学保护法

利用原电池原理进行金属的保护。如通常在轮船的外壳水线以下处或在靠近螺旋桨的舵上焊上若干块锌块，来防止船壳等的腐蚀。

④ 使用缓蚀剂　能减缓金属腐蚀速率的物质叫缓蚀剂。在腐蚀介质中加入缓蚀剂，防止金属的腐蚀。

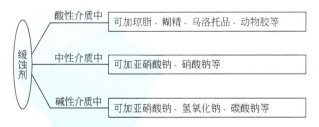

任务二　认识钠及其重要化合物

知识与能力

- 掌握钠及其重要化合物的性质和用途。
- 了解碱金属的性质和焰色反应。
- 知道保存少量钠的方法，钠着火时会灭火。
- 能用氢氧化钠作一些简单的化学分析或处理一些小问题。

钠元素是地壳中含量较多的元素，占2.74%。自然界中，钠元素是以什么形式存在？你最熟悉的含钠物质有哪些？

化学基础

1. 钠

（1）钠的物理性质

实验活动

从煤油里取出一小块钠，用滤纸吸干表面的煤油，用小刀小心地切割钠块。观察断面的颜色。

实验现象_____

存放在煤油中的钠　　金属钠的切割

钠呈银白色，具有金属光泽，很软，用小刀就能很容易切割。熔点370.96K，沸点1156K，密度0.97 g·cm^{-3}。钠是热和电的良导体。

（2）钠的化学性质

实验活动

（1）观察被切开的钠的断面上所发生的变化。把一小块钠放在燃烧匙里加热，观察反应的现象。

实验现象_____

（2）在烧杯中加一些水，滴入几滴酚酞溶液，然后把一小块钠放入水中。

实验现象_____

① 根据实验现象推测反应产物_____

② 试写出该反应的化学方程式_____

（1）为什么钠跟水反应时，浮在水面上，并熔化成闪亮的小球？

（2）为什么通常把钠保存在煤油里？

钠具有很强的还原性，可以从一些熔融的金属卤化物中把金属置换出来。由于钠极易与水反应，所以不能用钠把居于金属活动性顺序钠之后的金属从其盐溶液中置换出来。

钠与水反应剧烈，能引起氢气燃烧，所以钠失火不能用水扑救，必须用干燥沙土来灭火。

2. 钠的化合物

（1）过氧化钠（Na_2O_2）

过氧化钠是淡黄色的粒状或粉末状的固体，易吸潮。加热到773K仍很稳定。

实验活动

把水滴入盛有过氧化钠的试管里，用带火星的木条放在管口，检验是否有氧气放出。

实验现象_____

写出过氧化钠和水反应的化学方程式。

过氧化钠跟二氧化碳反应，生成碳酸钠，放出氧气。因此在呼吸面具和潜水艇里，用它来产生氧气供给高空或海底作业人员使用。

$$2Na_2O_2+2CO_2 \longrightarrow 2Na_2CO_3+O_2$$

过氧化钠是强氧化剂，可以用来漂白织物、麦秆、羽毛等。

过氧化钠会灼伤皮肤。熔融时，与易燃物或某些有机物接触，立即发生爆炸。使用时要注意安全。

（2）氢氧化钠（NaOH）

片状氢氧化钠

氢氧化钠俗称烧碱、火碱、苛性钠，是一种白色固体，极易溶解于水（放出大量热），有吸水性，可用作干燥剂，且在空气中易潮解，对皮肤和织物有很强的腐蚀性。

使用氢氧化钠时要特别小心，万一沾到皮肤上，要立即用清水冲洗，然后用2%的硼酸水洗涤。

实验活动

取一小块氢氧化钠，把它放置在干燥的表面皿上，观察它的颜色及固体表面的变化。

实验现象_____

某些易溶于水的物质吸收空气中的水蒸气在晶体表面逐渐形成溶液或全部溶解的现象叫潮解。容易潮解的物质如$CaCl_2$、$MgCl_2$、$FeCl_3$、$AlCl_3$、NaOH等无机盐或碱。易潮解的物质常用作干燥剂；易潮解的物质必须在密闭条件下保存。

NaOH是强碱，具有碱的通性。如能与CO_2、SiO_2等酸性氧化物反应。

$$2NaOH+SiO_2 \longrightarrow Na_2SiO_3+H_2O$$

硅酸钠(Na_2SiO_3)俗称水玻璃，具有黏性

（1）为什么氢氧化钠固体要放置在干燥密封的容器里？
（2）氢氧化钠溶液如何放置？
（3）写出氢氧化钠与CO_2的反应方程式。

实验活动

夏秋季节，万木葱葱，各种植物的叶子形态各异、五彩斑斓、无比美丽，而一旦它们随秋风摇落，坠入尘埃，这一切生机勃勃的美丽也不复存在。我们如何才能保留住这份美丽呢？让我们动动手去留住那份易逝的美丽：

（1）采摘新鲜的树叶2～3片（以桂花树叶为佳），落叶也可择优选用，洗净放入300mL、10% NaOH溶液中。

（2）用酒精灯加热煮沸，约15min或更多时间（要煮够），捞出后放入盘中用软毛刷在水中涮洗。若难洗去叶肉可放回原溶液中继续煮。

（3）将叶肉完全刷净的叶脉置颜料中着色1min，取出平铺于滤纸上，压平吸干即得一枚叶脉书签，还可另加上其他花样，或将它压模在两片透明的塑料膜中，就是一个很好的贺年卡。

知识窗 — 氢氧化钠的用途

肥皂、合成洗涤剂、合成脂肪酸的生产

造纸、纤维素浆的生产

油脂、精炼石油

纺织、印染

（3）碳酸钠（Na_2CO_3）与碳酸氢钠（$NaHCO_3$）

碳酸钠俗名纯碱或苏打，是白色粉末，易溶于水。碳酸钠晶体（$Na_2CO_3 \cdot 10H_2O$）含结晶水，在干燥的空气中易失去结晶水而成为无水碳酸钠。

碳酸氢钠（$NaHCO_3$）俗名小苏打，是一种细小的白色晶体，在293.15K以上时，比碳酸钠在水中的溶解度小得多。

$$2NaHCO_3 \xrightarrow{\triangle} Na_2CO_3 + CO_2\uparrow + H_2O$$

用这个反应来鉴别Na_2CO_3和$NaHCO_3$。Na_2CO_3较$NaHCO_3$稳定，受热不分解。

实验活动

比较Na_2CO_3、$NaHCO_3$与盐酸反应放出气体的剧烈程度。

实验现象_____

化学方程式_____

Na_2CO_3是重要的化工原料之一,广泛应用于玻璃、造纸、纺织等工业。工业上常说的"三酸二碱"中的"二碱"指纯碱(Na_2CO_3)和烧碱(NaOH)。在日常生活中Na_2CO_3常用作洗涤剂。

$NaHCO_3$是发酵粉的主要成分,在医疗上可用于治疗胃酸过多,还用于泡沫灭火器。

> **人体中的钠元素**
>
> **知识窗**
>
> 钠是人体必需的矿物质营养素。在成人体内,每千克体重约含1g钠。一个人每天必须摄入一定量的氯化钠,以满足人体对钠元素的需要。如果摄取的钠盐太少,人会感到食欲不振、四肢无力,但是吃得太多,对身体健康也不利。
>
> 钠离子大部分存在于细胞外和骨骼中,它参与人体内水分的代谢,对体内的酸碱平衡、肌肉和心脏活动起着调节的作用。正常情况下,摄入过量的钠可以很快通过肾脏排出体外,肾脏对钠的排出有很强的调节作用。当一个人在发热或腹泻时易引起缺钠性脱水,那就需要输入葡萄糖溶液和0.9%的氯化钠溶液。人如果得了肾炎,就可能使机体内的钠潴留和水积聚,表现出浮肿、高血压等症状。可见,钠元素在生命活动中起着重要的作用。

3. 碱金属

(1)碱金属元素的原子结构和物理性质

碱金属元素在自然界里都以化合态存在,它们的单质都是由人工制得。锂、钾、铷、铯的原子结构和性质跟钠有很大的相似性。表7-1列出了碱金属的原子结构和单质的物理性质。

表7-1 碱金属原子的原子结构和物理性质

元素名称	元素符号	核电核数	电子层结构	常温下单质的状态	颜色	密度/g·cm^{-3}	熔点/K	沸点/K
锂	Li	3	+3 2 1	固体	银白色	0.534	353.5	1620
钠	Na	11	+11 2 8 1	固体	银白色	0.97	371	1156
钾	K	19	+19 2 8 8 1	固体	银白色	0.86	336.8	1047
铷	Rb	37	+37 2 8 18 8 1	固体	银白色	1.532	313	961
铯	Cs	55	+55 2 8 18 18 8 1	固体	略带金色	1.879	301.5	951.5

根据表7-1,

(1)比较碱金属元素的原子结构的异同点;

(2)比较碱金属物理性质的异同点。

（2）碱金属的化学性质

碱金属原子容易失去最外层上的1个电子，而显 +1 价，表现出很强的金属性。

① 跟非金属反应

$$2K+Br_2 \longrightarrow 2KBr$$
$$4Li+O_2 \longrightarrow 2Li_2O$$

② 跟水的反应

$$2K+2H_2O \longrightarrow 2KOH+H_2\uparrow$$

锂跟水的反应不如钠剧烈，而铷和铯遇水立即燃烧，甚至发生爆炸。这些事实说明碱金属的化学活动性依次为：

$$Li<Na<K<Rb<Cs$$

碱金属及其化合物在生活、生产和科学研究上有广泛的用途。钾、钠元素是人体不可缺少的常量元素；钾盐是重要的化肥，钾的化合物用于制造液态肥皂和玻璃等；锂在冶金、医药等方面都有广泛的应用；铷和铯在普通光的照射下能放出电子，可用于制造光电管。

4. 焰色反应

节日的焰火

很多金属和它们的化合物在灼烧时，能使火焰呈特殊的颜色，这在化学上叫做焰色反应。

在科学实验上，可以应用焰色反应来检验一些金属或金属化合物。

实验活动

把装在玻璃棒上的铂丝（也可用光洁无锈的铁丝或镍、铬、钨丝）放在酒精灯火里灼烧，等到跟原来的火焰颜色相同的时候，用铂丝蘸取碳酸钠溶液，放在火焰上就可以看到火焰呈黄色。用稀盐酸洗净铂丝，在火焰上灼烧到没有颜色（每次焰色反应前都必须将铂丝洗净、灼烧），再分别蘸取碳酸钾溶液、氯化钾溶液作试验，透过蓝色的钴玻璃观察。

实验现象_____

金属和它们的化合物都能使火焰呈现不同的颜色，根据焰色反应所呈现的特殊颜色，可以检验金属和金属离子的存在。下面是一些金属或金属化合物灼烧时的颜色。

钠	钾	锂	铷	钙	锶	钡	铜
黄色	紫色	紫红色	紫色	砖红色	洋红色	黄绿色	绿色

知识窗

最轻的金属——锂

锂是瑞士化学家阿尔夫维特桑于1817年在一种稀有的岩石中发现的。锂是最轻的金属,仅是同体积铝重量的五分之一。锂是生产氢弹不可缺少的原料,又可作为核聚变的燃料和冷却剂。天然锂和氢化锂是原子反应堆的屏蔽材料。氢化锂还可气球的充氢材料。锂也可用作反应堆保护系统的控制棒。锂和锂的化合物具有燃烧温度高、速度快、火焰宽、发热量大等特点,常作高能燃料用于火箭、飞机或潜艇上。锂能与多种元素制成合金,如铝锂、铜锂、铅锂、银锂等,用于原子能、航空、航天焊接等工业。氧化锂对玻璃和陶瓷有很大的助熔和降低膨胀系数的作用,并能延长窑龄和降低燃料消耗。在磁性材料、荧光材料、压电材料、医药生产中锂也都有独特的用途,用锂制作锂电池和锂离子电池是现代最有前途的高能高效电池。

练习与实践

(1)下列气体中,哪些能用固体氢氧化钠来干燥?
① H_2 ② CO_2 ③ Cl_2 ④ O_2 ⑤ HCl

(2)写出下列物质间转化的化学方程式,属于氧化还原反应的,注明氧化剂和还原剂。

$$Na_2O_2 \longleftarrow Na \begin{array}{c} \nearrow Na_2S \\ \rightarrow NaOH \rightleftharpoons Na_2CO_3 \rightleftharpoons NaHCO_3 \\ \searrow NaCl \end{array}$$

任务三 认识钙、镁、铝及其重要化合物

知识与能力

> - 掌握钙、镁、铝的性质。
> - 知道钙、镁、铝重要化合物的俗名及用途。
> - 会运用钙、镁性质推断碱土金属的性质。
> - 能解释溶洞形成、明矾净水的原理。

想一想 钙、镁、铝金属的活泼性如何?你能解释其原因吗?

1. 钙、镁的性质

钙

镁

钙和镁都是银白色的轻金属,是元素周期表中ⅡA族(碱土金属)的元素,它们的密度、硬度、熔点等均比相应的碱金属要高。

(1)物理性质

Na、K和Mg、Ca的主要物理性质比较如表7-2。

表7-2　Na、K和Mg、Ca的主要物理性质比较

性质＼元素	Na	K	Mg	Ca
密度/g·cm⁻³	0.971	0.862	1.74	1.54
硬度（金刚石为10）	0.4	0.5	2.0	1.5
熔点/K	371	366.2	923	1118
沸点/K	1163	1039	1373	1712

（2）化学性质

镁和钙都是化学性质很活泼的金属。

① 与氧气反应　钙比镁活泼，暴露在空气中立刻被氧化，表面生成一层疏松的氧化物，对内部的金属起不到保护作用，所以钙应保存在密闭容器里。而镁在空气中，表面会生成一层致密的氧化物保护膜，保护内层镁不再被氧化，所以金属镁可以直接存放在空气中。

实验活动

取一段镁条，用砂纸擦去其表面氧化物，用镊子夹住放在酒精灯上灼烧。
实验现象＿＿＿＿＿＿＿＿＿＿＿＿＿＿＿＿＿＿＿＿＿＿＿＿＿＿
化学方程式＿＿＿＿＿＿＿＿＿＿＿＿＿＿＿＿＿＿＿＿＿＿＿＿＿
结论＿＿＿＿＿＿＿＿＿＿＿＿＿＿＿＿＿＿＿＿＿＿＿＿＿＿＿＿

镁在空气中燃烧，生成白色粉末状的氧化镁，同时发出耀眼的白光，放出大量的热，故可以利用镁来制造照明弹和照相镁光灯。

② 与水反应　钙与冷水能迅速反应。镁在冷水中反应非常缓慢，只有在沸水中，才能较显著地反应。

$$Ca + 2H_2O \longrightarrow Ca(OH)_2 + H_2\uparrow$$

$$Mg + 2H_2O(沸) \longrightarrow Mg(OH)_2 + H_2\uparrow$$

2. 钙、镁的重要化合物

① 氧化镁（MgO）

坩埚

耐火砖

氧化镁，工业上俗称苦土，是一种难熔的白色粉末，其熔点、硬度较高，是优良的耐火材料，可制造耐火砖、坩埚、金属陶瓷等。

② 氢氧化镁［Mg(OH)₂］

氢氧化镁

氢氧化镁是白色粉末，溶解度小，是中强碱，具有碱的通性。应用于塑料、橡胶等高分子材料的优良阻燃剂和填充剂，在环保方面作为烟道气脱硫剂，用作油品添加剂，起到防腐和脱硫作用等。

③ 氯化镁（$MgCl_2$）

盐卤豆腐

通常含有六个分子结晶水，即 $MgCl_2 \cdot 6H_2O$，易潮解。为单斜晶体，有咸味，是通常所说的盐卤的主要成分。

④ 氧化钙（CaO）

生石灰熟化

氧化钙，俗称生石灰，简称石灰，是一种白色耐火的物质，易与水反应。

$$CaO + H_2O \longrightarrow Ca(OH)_2$$

主要用于建筑工业，还用于制造电石、液碱、石膏。实验室用于氨气的干燥和醇的脱水等。

⑤ 氢氧化钙［$Ca(OH)_2$］

粉状氢氧化钙

氢氧化钙俗称消石灰或熟石灰，是一种白色粉末状固体，微溶于水，具有碱的通性，是一种强碱。在空气中能吸收 CO_2。

$$Ca(OH)_2 + CO_2 \longrightarrow CaCO_3\downarrow + H_2O$$

用于制漂粉精、检验 CO_2 气体、硬水软化剂、改良土壤酸性、自来水消毒澄清剂及建筑工业等。

⑥ 碳酸钙（$CaCO_3$）

溶洞

碳酸钙是白色固体，不溶于水，但能溶于含 CO_2 的水中，生成可溶性的碳酸氢钙，即：

$$CaCO_3 + CO_2 + H_2O \Longleftrightarrow Ca(HCO_3)_2$$

碳酸钙与碳酸氢钙的相互转化正是溶洞与钟乳石形成的原因。自然界中的大理石、石灰石、白垩等的主要成分都是 $CaCO_3$。

3. 铝的性质

铝是人类继铜、铁之后，第三种被广泛应用的金属。在100多年前，铝曾是一种稀有的贵重金属，被称为"银色金子"，比黄金还珍贵。铝在地壳中的分布量在全部化学元素中仅次于氧和硅，占第三位，在全部金属元素中占第一位。铝是比较活泼的金属，在自然界中以化合态的形式存在于各种岩石或矿石里，如长石、云母、铝土矿等。

（1）铝的物理性质

铝是银白色的、具有光泽的轻金属。它有良好的导热性、导电性和延展性。化合价为+3。

铝可制作高压输电线,制成铝箔作为包装材料,制作炊具,制成银白色的防锈油漆,还可以作为航天材料。此外,铝常用于制造合金。

(2)铝的化学性质

铝的化学性质比较活泼,它既能与非金属、酸等发生反应,也能与强碱溶液发生反应,是一种两性金属。

① 与氧气等非金属反应 常温下,铝与空气中的氧气发生反应,在其表面生成一层致密的氧化物保护膜,致使内层金属不再进一步被氧化,所以金属铝在空气和水中具有良好的抗腐蚀性。铝粉或铝箔在高温下加热,也能够燃烧,发出耀眼的白光,并放出大量的热。

$$4Al+3O_2 \xrightarrow{点燃} 2Al_2O_3$$

② 与金属氧化物反应 将铝粉与金属氧化物的粉末混合,在较高的温度下,发生剧烈的置换反应。如铝跟氧化铁的反应:

$$2Al+Fe_2O_3 \xrightarrow{高温} 2Fe+Al_2O_3$$

铝粉与氧化铁粉反应时放出大量的热,温度高达3273K以上,能使产物铁熔化,利用这一反应可焊接金属和钢轨。

铝热反应

铝粉与金属氧化物(氧化铁Fe_2O_3、五氧化二钒V_2O_5、三氧化二铬Cr_2O_3或二氧化锰MnO_2)的混合物称为铝热剂。它们之间的反应称为铝热反应。利用铝热反应可以冶炼难熔的金属铁、铬、锰。

③ 与酸、碱反应

实 验 活 动

取两支试管,分别加入5mL 2mol·L^{-1}的盐酸和NaOH溶液。

再往这两试管里各放入一小段铝片,并用带火星的木条放在两试管口,观察实验现象。

实验现象_____

结论_____

通过实验,你知道铝是一种什么样的金属?

盐酸　　NaOH溶液

铝是两性金属,既能与酸反应,又能与碱反应,并都有氢气放出。

$$2Al+6HCl \longrightarrow 2AlCl_3+3H_2\uparrow$$

$$2Al+2NaOH+2H_2O \longrightarrow 2NaAlO_2+3H_2\uparrow$$

由于冷的浓硝酸或浓硫酸能使铝的表面生成致密的氧化物保护膜,发生钝化现象,所以可以用铝制容器储存和运输浓硝酸或浓硫酸。

4. 氧化铝、氢氧化铝、明矾

(1) 氧化铝（Al_2O_3）

氧化铝是一种不溶于水，且熔点高、难熔的白色固体。新制备的氧化铝粉末化学活泼性较强，是一种典型的两性氧化物，既能溶于酸，又能溶于碱。

$$Al_2O_3 + 3H_2SO_4 \longrightarrow Al_2(SO_4)_3 + 3H_2O$$

$$Al_2O_3 + 2NaOH \longrightarrow 2NaAlO_2 + H_2O$$

自然界存在的铝的氧化物主要有铝土矿（又称矾土），可用来提取纯氧化铝。工业上，可用氧化铝作原料，采用电解的方法制取铝。

红宝石

蓝宝石

自然界中还存在比较纯净的氧化铝晶体称为刚玉，其硬度很高，仅次于金刚石。刚玉主要用于制造砂轮、砂纸和研磨石，用于加工光学仪器和某些金属制品。天然刚玉的矿石中如果含有微量的铁和钛的氧化物，呈蓝色，俗称蓝宝石；如果含有微量的铬(Ⅲ)则呈红色，俗称红宝石。

(2) 氢氧化铝 [$Al(OH)_3$]

氢氧化铝是不溶于水的白色胶状物质，是两性的氢氧化物，既能与酸反应又能与碱反应。

如与稀盐酸反应：

$$Al(OH)_3 + 3HCl \longrightarrow AlCl_3 + 3H_2O$$

与氢氧化钠反应：

$$Al(OH)_3 + NaOH \longrightarrow NaAlO_2 + 2H_2O$$

氢氧化铝经煅烧可以得到纯净的氧化铝。

氢氧化铝是胃药（胃舒平等）的主要成分，用于治疗胃溃疡和胃酸过多。

粉状氢氧化铝

实验室里可用铝盐和氨水反应制取氢氧化铝。写出硫酸铝和氨水的反应方程式。

(3) 明矾 [$KAl(SO_4)_2 \cdot 12H_2O$]

明矾又称白矾、钾矾、钾铝矾、钾明矾、十二水合硫酸铝钾。是含有结晶水的硫酸钾和硫酸铝的复盐。

明矾

337.5K时失去9分子结晶水，473K时失去12分子结晶水，溶于水，不溶于乙醇。明矾性味酸涩，寒，有毒。有抗菌、收敛等作用，可用做中药。明矾还可用于制备铝盐、发酵粉、油漆、鞣料、澄清剂、媒染剂、造纸、防水剂等。

明矾净水是过去民间经常采用的方法，其原理为：

① 在水中解离： $KAl(SO_4)_2 \longrightarrow K^+ + Al^{3+} + 2SO_4^{2-}$

② Al^{3+} 水解： $Al^{3+} + 3H_2O \rightleftharpoons Al(OH)_3(胶体) + 3H^+$

化学基础

氢氧化铝胶体的吸附能力很强，可以吸附水里悬浮的杂质并形成沉淀，使水澄清。所以，明矾是一种较好的净水剂。在印染、制革和造纸等工业上，明矾也是一种常用的重要原料。

（1）铝是活泼金属，为什么不容易被腐蚀？

（2）家庭用的铝锅为什么不宜用碱液洗涤？为什么不宜用来蒸煮酸的食物？

（3）明矾为什么可以做净水剂？

（4）在日常生活中，特别是在早餐中，提起油条，可以说是家喻户晓。很多人喜欢油条配豆浆搭配一顿营养早餐。可是过多地食用油条对我们的身体会产生很大的危害。这是为什么呢？

任务四　了解配位化合物的基本概念

知识与能力

> 理解配合物的定义。
> 掌握配合物的组成。
> 掌握配合物的命名原则并会命名。

 NaCl是离子化合物，HCl是共价化合物，那么［$Cu(NH_3)_4$］SO_4属于哪一类化合物？

1. 配合物的定义

配位化合物简称配合物，又称络合物，是一类应用非常广泛的化合物。

实验活动

（1）在两支试管中各加入5mL 0.1mol·L^{-1} $CuSO_4$溶液，然后分别滴加数滴0.1mol·L^{-1} $BaCl_2$溶液和1mol·L^{-1} NaOH溶液。

实验现象_____

化学方程式_____

（2）在一支试管中加入5mL 0.1mol·L^{-1} $CuSO_4$溶液，再滴加2mol·L^{-1} $NH_3·H_2O$溶液，直到溶液变为深蓝色，然后将溶液分成两份，一份滴加数滴0.1mol·L^{-1} $BaCl_2$溶液，另一份滴加数滴1mol·L^{-1} NaOH溶液。

实验现象_____

化学方程式_____

硫酸铜溶液中的Cu^{2+}与$NH_3·H_2O$形成稳定的复杂离子［$Cu(NH_3)_4$］$^{2+}$：

$$Cu^{2+}+4NH_3 \longrightarrow [Cu(NH_3)_4]^{2+}$$

Cu^{2+}和NH_3分子以配位键（用"→"表示）结合：

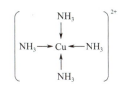

N原子提供孤对电子
Cu^{2+}接受这一对孤对电子

配位键是一类特殊的共价键，一方提供孤对电子，另一方接受这一对孤对电子。

（1）配离子

由一个阳离子和一定数目的中性分子或阴离子以配位键结合而成的能稳定存在的复杂离子叫做配离子。配离子有配阳离子和配阴离子。如$[Cu(NH_3)_4]^{2+}$为配阳离子，$[Fe(CN)_6]^{3-}$为配阴离子。

（2）配合物

配离子和带相反电荷的离子组成的化合物叫配合物。如$[Cu(NH_3)_4]SO_4$、$K_3[Fe(CN)_6]$等。

2. 配合物的组成

配合物的组成很复杂，一般由内界和外界组成。内外界之间以离子键结合，在水中全部解离。内界是配合物的特征部分，即为配离子，它由一个带正电荷的中心离子和配位体组成。中心离子和配位体以配位键结合，在水溶液中仅发生部分解离。配合物的化学式中，方括号内是配合物的内界，方括号外是配合物的外界。如：

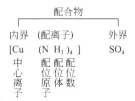

写出下列配合物的组成。

$K_3[Fe(CN)_6]$ $[Ag(NH_3)_2]Cl$

（1）中心离子

中心离子为配合物的核心部分，一般是过渡元素的金属离子，如Cu^{2+}、Fe^{3+}、Ag^+、Zn^{2+}、Pt^{4+}等。

（2）配位体

在配离子中与中心离子配合的离子（或分子）叫配位体。常见的配位体有：H_2O、NH_3、CN^-、SCN^-、F^-、Cl^-等。直接同中心离子结合的原子称为配位原子。常见的配位原子有F、Cl、N、O、S等。

如$K_3[Fe(CN)_6]$，配位体是CN^-，配位原子是C

（3）配位数

在内界里，与中心离子结合的配位原子的数目，叫该中心离子的配位数。一般中心离子的配位数为2、4、6、8。

（4）配离子（或络离子）的电荷

配离子的电荷等于中心离子电荷与配位体电荷的代数和。如：

$[Cu(NH_3)_4]^{2+}$ $(+2)+4×0=+2$

$[Fe(CN)_6]^{3-}$ $(+3)+6×(-1)=-3$

知识窗 —— EDTA——乙二胺四乙酸

EDTA是一种重要的配合剂，多用于水质监测中的配位滴定分析法。由于本身可以形成多种配合物，所以可以滴定很多金属。元素周期表里的ⅡA族、ⅢA族、镧系、锕系金属都可以用EDTA滴定。但是最常用的是用来测定水的硬度。

填表

配合物	中心离子	配位体	配位原子	配位数	配离子的电荷数
$K_4[Fe(CN)_6]$					
$[Co(NH_3)_6]Cl_3$					
$Na_4[Fe(CN)_6]$					
$[Zn(NH_3)_4]SO_4$					

3. 配位化合物的命名

（1）配离子的命名

配合物命名的关键是配离子。配离子的命名可按如下方法：

配位数（用二、三、四等数字表示）→配位体名称[不同配位体之间以（·）分开]→"合"→中心离子的名称→中心离子的价数[加括号：用（Ⅰ）、（Ⅱ）、（Ⅲ）等表示]→离子。

如 $[Cu(NH_3)_4]^{2+}$ 称四氨合铜（Ⅱ）离子。

命名下列配离子：

$[Co(NH_3)_5]^{3+}$ $[Fe(CN)_6]^{3-}$

（2）配合物的命名

配合物按组成特征不同，也有酸、碱、盐之分。与一般无机物的命名原则相似，阴离子在前，阳离子在后。除上述命名外，还可用俗名。如 $K_3[Fe(CN)_6]$ 俗名赤血盐、$K_4[Fe(CN)_6]$ 俗名黄血盐。

配合物	内界		外界	命名	举例
配位酸	配阴离子		氢离子	某酸	$H_2[PtCl_6]$ 六氯合铂（Ⅳ）酸
配位碱	配阳离子		氢氧根离子	氢氧化某	$[Ag(NH_3)_2]OH$ 氢氧化二氨合银（Ⅰ）
配位盐	配阳离子		简单阴离子	某化某	$[Co(NH_3)_5]Cl_3$ 三氯化五氨合钴（Ⅲ）
	配阳离子		复杂酸根离子	某酸某	$[Cu(NH_3)_4]SO_4$ 硫酸四氨合铜（Ⅱ）
	配阴离子		金属阳离子	某酸某	$K_3[Fe(CN)_6]$ 六氰合铁（Ⅲ）酸钾

命名下列配合物：

$H_2[SiF_6]$ 　　　　　$[Zn(NH_3)_4](OH)_2$

$[Ag(NH_3)_2]Cl$ 　　　$K_4[Fe(CN)_6]$

任务五　鉴别未知化合物

知能目标

- 掌握 Cl^-、CO_3^{2-}、SO_4^{2-}、Na^+、K^+ 等离子的性质。
- 初步学会物质的鉴定和鉴别。
- 培养分析、推理、判断等思维能力。

准备知识

常见离子的检验方法见表 7-3。

表 7-3　常见离子的检验方法

离子	试剂或操作	实验现象
K^+	焰色反应	紫色（透过蓝色的钴玻璃）
Na^+	焰色反应	黄色
NH_4^+	NaOH 溶液	生成刺激性、使湿润的红色石蕊试纸变蓝的气体
Fe^{3+}	KSCN 溶液	生成血红色溶液
Al^{3+}	过量 NaOH 溶液	先有白色沉淀生成，后溶解
Cl^-	$AgNO_3$ 溶液、稀 HNO_3	产生不溶于稀硝酸的白色沉淀
Br^-	$AgNO_3$ 溶液、稀 HNO_3	产生不溶于稀硝酸的浅黄色沉淀
I^-	$AgNO_3$ 溶液、稀 HNO_3	产生不溶于稀硝酸的黄色沉淀
SO_4^{2-}	盐酸、$BaCl_2$ 溶液	产生不溶于稀盐酸的白色沉淀
CO_3^{2-}	盐酸、$Ca(OH)_2$ 溶液	加入盐酸后放出使澄清石灰水变浑浊的气体

仪器与药品

试管、导管、玻璃棒、蓝色钴玻璃片、镍铬丝、煤气灯（或酒精灯）、硝酸银溶液、盐酸溶液、氯化钡溶液、硫酸钠溶液、氯化钾溶液、盐酸、稀硫酸、碳酸钠等。

实验过程

- 鉴定一包白色的盐是碳酸钠。
- 有五瓶失落标签的无色溶液，它们分别是硫酸钠、碳酸钠、氯化钾、盐酸、稀硫酸，试将它们鉴别出来。
- 一种未知盐的粉末，它由一种阳离子和一种阴离子组成，可能存在的离子有 CO_3^{2-}、SO_4^{2-}、Cl^-、Na^+、K^+、Cu^{2+}。试设计实验方案，并用实验来确定它的组成。

阅读材料

铁及合金、重铬酸钾、高锰酸钾

• 铁及合金

纯净的铁是光亮的银白色金属,具有良好的延展性、导电性和导热性。熔点1812K,沸点2773K。纯净的铁抗腐蚀能力较强,但通常使用的铁,由于含有碳及其他元素,使其抗腐蚀能力降低,因而在潮湿的空气中容易生锈。铁锈的成分很复杂,主要是Fe_2O_3、FeO的混合物。

铁是比较活泼的金属,它能够与非金属单质、水、酸等许多物质发生化学反应。

工农业生产和日常生活中所接触到的铁器,一般都是由铁和碳的合金制成的。铁碳合金应用最广的是生铁和钢。它们的主要区别是含碳量的不同。

生铁:生铁坚硬、耐磨、铸造性好,但生铁脆,不能锻压。

钢:含碳量越多,硬度越大,含碳量越少,韧性越好。

生铁与钢的性质比较见表7-4。

表7-4　生铁与钢的性质比较

项目		生铁	钢
组成元素		铁及少量碳、硅、锰、硫、磷	铁以及少量碳、硅、锰,几乎不含硫、磷
碳元素含量		2%～4.3%	0.03%～2%
分类及用途		白口铁:用于炼钢 灰口铁:制造化工机械、铸件 球墨铸铁:机械强度高,可代替钢	碳素钢:低碳钢、中碳钢、高碳钢 合金钢:锰钢、不锈钢、硅钢、钨钢
机械用途		硬而脆、无切性、可铸不可锻	坚硬、韧性大、塑性好、可铸、可锻、可延展
冶炼	原料	铁矿石、焦炭、空气、石灰石	生铁、氧气和铁的氧化物
	反应原理	在高温下,用一氧化碳从铁的氧化物中将铁还原出来	在高温下,用氧气或铁的氧化物把生铁中所含有的过量的碳和其他杂质转化为气体或炉渣去掉
	设备	高炉	转炉、电炉、平炉

在碳钢中加入一种或几种合金元素,如Si、Mn、Mo、Ni、Cr、Al、Cu等元素,使钢的机械性能、物理性质和化学性质发生变化,因而可制成各种具有特殊性能的钢,叫做合金钢,又称特种钢。

• 重铬酸钾、红矾钾($K_2Cr_2O_7$)

重铬酸钾为橙红色板状结晶,与可燃物接触可能着火。在500℃以上发生氧化反应生成铬酸与三氧化二铬。

重铬酸钾易通过重结晶法提纯。重铬酸钾在酸性条件下具有强氧化性,实验室中常用它配制铬酸洗液(饱和重铬酸钾溶液和浓硫酸的混合物),来洗涤化学玻璃器皿,以除去器壁上的还原性污物。使用后,洗液由暗红色变为绿色,洗液即失效。

重铬酸钾还应用于分析化学,常用来定量测定还原性的氢硫酸、亚硫酸、亚铁离子等。

• 高锰酸钾($KMnO_4$)

高锰酸钾俗称灰锰氧,紫黑色或暗紫色晶体,带蓝色的金属光泽,易溶于水,溶液呈紫红色。固体高锰酸钾在常温下较稳定,加热至473K时,可分解生成锰酸钾并放出氧气,这也是实验室制取氧气的方法。

$$2KMnO_4 \longrightarrow K_2MnO_4 + MnO_2 + O_2\uparrow$$

高锰酸钾水溶液不稳定,见光发生分解,生成灰黑色二氧化锰沉淀并附着于器皿上,故高锰酸钾溶液应保存在棕色瓶中。

高锰酸钾是最重要和常见的优良氧化剂之一，在分析化学中被用作氧化还原滴定分析的氧化剂，还用于漂白棉、毛丝织品、油类的脱色剂，稀溶液被广泛用于医药卫生中的杀菌消毒剂。

项目小结

1. 金属通论
   - 通性
   - 冶炼
   - 腐蚀及防腐
2. 常见金属及其化合物
   - 钠及其重要化合物
   - 钙、镁及其重要化合物
   - 铝及其重要化合物
3. 配位化合物
   - 配合物的基本概念
   - 配合物的命名

复习题

一、填空题

1. 金属根据颜色的不同可分为_____和_____两大类；金属按照密度大小的不同又可分为轻金属和重金属两类，轻金属是指密度小于_____的金属，如_____。重金属是指密度大于_____的金属，如_____。

2. 化学键包括_____键、_____键和_____键，其中_____键存在于固态金属中，它是通过_____，使_____和_____相互联结在一起的键。

3. 金属具有_____、_____、_____等很多共同的物理性质，其中金属的_____性、_____性和_____性与金属晶体中的自由电子有关。

4. 金属冶炼的本质是_____，由于金属活泼性的不同，有_____法、_____法和_____法等不同的冶炼方法。

5. 金属的腐蚀是指当金属和_____接触时，由于_____或_____而引起的损耗。

6. 由于金属接触的介质不同，发生腐蚀的情况也就不同，一般可分为_____和_____两种。

7. 防止金属腐蚀的方法主要有_____、_____、_____和_____。

8. 白铁皮（镀锌铁）发生电化学腐蚀时，作为_____极的_____先被腐蚀。马口铁（镀锡铁）发生电化学腐蚀时，作为_____极的_____先被腐蚀。

9. 碱金属元素随着它们核电荷数的增加，它们原子的电子层数_____，原子半径_____，原子失去电子的能力_____，金属性_____。

10. 比较钾原子和钾离子的结构：它们的_____相同，_____不同。钾原子半径比钾离子半径_____。

11. 为消除排出的废气中所含的氯气对环境的污染，将此废气通过有过量铁粉的氯化亚铁溶液中，就可有效地除去氯气。除氯过程中，$FeCl_2$的作用是_____，Fe的作用是（用化学方程式表示）_____。

12. 苦土的化学式为_____、生石灰的化学式为_____。

13. $Al(OH)_3$是_____性氢氧化物，与盐酸和NaOH反应的反应式分别为_____和_____。

14. Fe^{3+}可用_____来检验，显示_____色。

15. _____用于制造蓝黑墨水。

16. 中心离子与配位体之间以_____结合，形成的复杂离子称_____。含有_____的化合物称为配位化合物。

17. 配合物中，内界与外界之间以_____键结合而成，在水溶液中_____解离。而配离子在水溶液中_____解离。

二、选择题

1. 冶炼活泼金属一般用（　　）。
   A. 热分解法　　B. 高温还原法　　C. 电解法　　D. 置换法

2. 常温下，可用铁制容器盛装的溶液是（　　）。
   A. 浓盐酸　　B. 硫酸铜溶液　　C. 稀硝酸　　D. 浓硫酸

3. 某金属能跟盐酸反应生成氢气，该金属与锌组成原电池，锌为负极，此金属是（　　）。
   A. Al　　B. Cu　　C. Fe　　D. Mg

4. 下列物质中属于纯净物的是（　　）。
   A. 绿矾　　B. 铝热剂　　C. 漂粉精　　D. 碱石灰

5. 下列单质能与水剧烈反应的是（　　）。
   A. Cr　　B. Na　　C. Fe　　D. Mg

6. 下列物质既溶于盐酸又溶于氢氧化钠溶液的是（　　）。
   A. CaO　　B. Na_2O　　C. Fe_2O_3　　D. Al_2O_3

三、判断题

1. 金属键是金属离子之间通过自由电子产生的较强的相互作用。（　　）

2. 金属单质在反应中通常作还原剂，发生氧化反应。（　　）

3. 金属原子的特点是电子个数较少。（　　）

4. 金属单质越活泼，其对应的离子就越容易获得电子而被还原。（　　）

5. 在金属活动顺序表中，从Al到Hg之间的金属是比较活泼的金属，通常用热分解法进行冶炼。（　　）

6. 电化学腐蚀只发生在金属的表面。（　　）

7. 化学腐蚀的速率与温度有关。温度越高，腐蚀速率越快。（　　）

8. 钢铁在潮湿的空气中要比在干燥条件下易腐蚀。（　　）

9.电化学腐蚀和化学腐蚀往往同时发生，但化学腐蚀比电化学腐蚀更普遍。（　）

10.镀层破损后，镀锌的钢板比镀锡的钢板耐腐蚀。（　）

11.根据原电池原理，将一定数量的锌块焊在船的外壳上，可以保护船壳。（　）

四、写出下列反应的化学方程式

1.铝粉与氧化铁在高温下的反应

2.明矾水解

3.氧化铝与盐酸反应

4.氧化铝与氢氧化钠溶液反应

5.重铬酸钾在酸性介质中与硫酸亚铁反应

6.二氧化锰与浓盐酸反应

7.高锰酸钾加热分解

五、问答题

1.金属冶炼原理是什么？根据金属活泼性的大小，金属一般有几种冶炼方法？请举例说明。

2.存放氢氧化钠溶液的试剂瓶的瓶口上，常有白色固体，如果用药匙把固体刮在表面皿上滴入少量盐酸，有什么现象发生？写出有关反应的化学方程式。

3.实验室里盛放碱溶液的试剂瓶常用橡皮塞，而不用玻璃塞，这是为什么？并写出化学反应式。

4.如何鉴别碳酸钠和碳酸氢钠？写出化学方程式。

5.钙和镁的化学性质都相当活泼，但为什么镁能在空气中保存而钙不能？

六、填表

配离子的化学式	中心离子	配位体	配位数	命名
$Na_4[Fe(CN)_6]$				
$[Cu(NH_3)_4](NO_3)_2$				
$K_4[Fe(CN)_6]$				
$[Ag(NH_3)_2]_2SO_4$				

单元三　有机化合物

学习目标

- 了解有机化合物的概念、特点、分类
- 了解甲烷、乙烯、乙炔及苯的性质和用途
- 知道烃基、同系物和同分异构体的概念
- 掌握烷烃的系统命名法
- 理解氧化反应、取代反应、加成反应和聚合反应
- 了解乙醇、苯酚、乙醛、乙酸的结构、性质和用途
- 掌握熔点测定的方法
- 掌握溶解、加热、保温过滤和减压过滤等基本操作
- 了解油脂、糖类、蛋白质及高分子化合物

项目八　重要的烃

学习指南

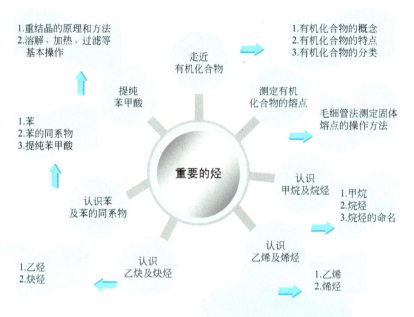

形形色色的有机物

　　自然界里的物质是复杂多样的。我们已经学习了非金属、金属及其化合物的一些性质，这些化合物一般来源于矿石、海水及泥土里，人们把这类化合物称为无机化合物。许多与人类生活有密切关系的物质，像石油、天然气、棉花、染料、化纤、合成药物、油脂、淀粉、蛋白质、纤维素、尿素和塑料等这类化合物称为有机化合物。

　　有机化合物已广泛深入到人们的日常生活中，与人们的衣、食、住、行、医都有密切的关系。

任务一　走近有机化合物

知识与能力

> - 了解有机化合物的概念、特点及其分类。
> - 掌握有机化合物中常见的官能团。
> - 会判断生活中常见有机化合物的类型。

　　生活中，有机物随处可见：天然气、汽油、塑料、橡胶、棉花、纸张、皮革、化纤织物、木材、动植物体等都是有机物。那么什么是有机物呢？

1. 有机化合物的概念

有机化合物通常指含碳元素的化合物，但一些简单的含碳化合物如一氧化碳、二氧化碳、碳酸盐、碳酸氢盐、金属碳化物、氰化物等除外。除含碳元素外，绝大多数有机化合物分子中含有氢元素，有些还含氧、氮、卤素、硫和磷等元素。所以有机化合物是指碳氢化合物及其衍生物。有机化合物简称有机物。

2. 有机化合物的特点

一般来说，有机化合物具有下列特点：
① 大多数有机物都能燃烧，或受热分解炭化变黑；
② 大多数有机物熔点、沸点较低；
③ 大多数有机物难溶于水，易溶于有机溶剂；
④ 大多数有机物是非电解质，不导电；
⑤ 有机物发生的反应比较复杂，反应一般比较慢，并且常伴有副反应发生。

3. 有机化合物的分类

（1）按碳架分类

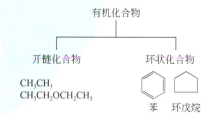

（2）按官能团分类

有机化合物分子中比较活泼、容易发生反应的原子或原子团叫做官能团，这些原子或原子团对有机化合物的性质起着决定性作用。一些常见的官能团以及按官能团分类的有机物及其代表化合物见表 8-1。

表 8-1　有机物的官能团及其代表物

类别	官能团结构	官能团名称	典型代表	结构简式
烷烃			甲烷	CH_4
烯烃	＼C＝C／	碳碳双键	乙烯	$CH_2=CH_2$

续表

类别	官能团结构	官能团名称	典型代表	结构简式
炔烃	—C≡C—	碳碳三键	乙炔	CH≡CH
卤代烃	—X	卤原子	氯乙烷	CH_3CH_2Cl
醇	—OH	羟基	乙醇	CH_3CH_2OH
酚	—OH	酚羟基	苯酚	C₆H₅—OH
醚	—O—	醚键	乙醚	$CH_3CH_2OCH_2CH_3$
醛	$\overset{O}{\underset{\parallel}{-C-H}}$	醛基	乙醛	$H_3C-\overset{O}{\underset{\parallel}{C}}-H$
酮	$\overset{O}{\underset{\parallel}{-C-}}$	羰基	丙酮	$H_3C-\overset{O}{\underset{\parallel}{C}}-CH_3$
羧酸	$\overset{O}{\underset{\parallel}{-C-OH}}$	羧基	乙酸	$H_3C-\overset{O}{\underset{\parallel}{C}}-OH$
酯	$\overset{O}{\underset{\parallel}{-C-O-R}}$	酯基	乙酸乙酯	$H_3C-\overset{O}{\underset{\parallel}{C}}-O-C_2H_5$

（1）根据官能团的不同对下列有机物进行分类：

① $CH_2=CHCH_3$ _____；

② $HC≡C—CH_2CH_3$ _____；

③ CH_3OH _____；

④ $CH_3CH_2CH_2Cl$ _____；

⑤ CH_3COCH_3 _____。

（2）下列物质中不属于有机物的是（　　）

A. CH_3CH_2OH　　　B. $CH_3CH_2CH_2CH_3$　　　C. Na_2CO_3　　　D. CH_3OCH_3

"有机物"的来源

知识窗

人类对有机化合物的认识随着生产实践的发展和科学技术的进步不断清晰和深入。19世纪初期，人们把自然界中的所有物质按其来源分为无机物和有机物两大类。无机物来源于无生命的矿产物质，而有机物则是指从有生命的动、植物体中获取的物质，是指"有生机之物"。19世纪以前，人们一直认为有机物只能从有生命力的动植物体内制造出来，而不能人工合成。直到1828年德国化学家维勒（F.Wohler）在实验室加热蒸发氰酸铵（NH_4OCN）溶液时得到了尿素，这是人类在实验室里首次由从无机物制得有机物。随后人们又相继用无机物合成了醋酸、糖、脂肪等许多有机物。随着科学的发展，人们又成功合成了许多药物、染料、炸药，以及三大合成材料（合成纤维、合成橡胶、合成树脂）。现在人们不但能够合成自然界里已有的有机物，而且能够合成自然界里没有的性能优良的有机物，但是由于历史和习惯的原因，还保留着"有机"这一名词，但它却有着新的涵义。

任务二　测定有机化合物的熔点

知能目标

> 知晓熔点测定的意义。
> 掌握毛细管法测定固体熔点的操作方法。

解析原理

每种纯固体有机化合物一般都有一个固定的熔点，即在一定压力下，从初熔到全熔（这一熔点范围称为熔程）温度不超过 0.5～1℃。如果该物质含有杂质，则其熔点往往较纯粹者为低，且熔程较长。因此，可以通过测定有机化合物熔点来检验其纯度。

仪器和药品

提勒熔点管、温度计（200～250℃）、玻璃管（40cm）、毛细管 (0.8～1mm)、表面皿、苯甲酸、未知物（可用尿素、肉桂酸、α-萘酚、乙酰苯胺）等。

操作过程

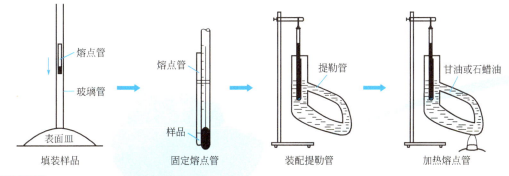

填装样品　　固定熔点管　　装配提勒管　　加热熔点管

温馨提示

> 样品研磨得越细越好，否则装入熔点管时有空隙，会使熔程增大，影响测定结果。
> 固定熔点管的橡胶圈不可浸没在溶液中，以免被溶液溶胀而使熔点管脱落。
> 测定结束后，温度计需冷却至接近室温方可洗涤；溶液也应冷至室温后再倒回试剂瓶中。否则将可能造成温度计或试剂瓶炸裂。

任务三　认识甲烷及烷烃

知识与能力

> 了解甲烷的结构、性质和用途。
> 知道烷基、同系物和同分异构体的概念。
> 会命名烷烃。

"西气东输"工程自2000年启动,东西横贯新疆到上海等九省市,全长4200千米。你知道这个"气"的成分是什么吗?

1. 甲烷

(1) 甲烷的结构

甲烷的化学式:CH₄   构造式:

$$\begin{matrix} & H & \\ & | & \\ H - & C & - H \\ & | & \\ & H & \end{matrix}$$

甲烷分子具有对称的正四面体结构,碳原子位于正四面体的中心,四个氢原子分别位于正四面体的四个顶点,四个C－H键是一样的。图8-1为甲烷的球棍模型。

甲烷俗称沼气,是在隔绝空气情况下,主要由植物残体分解而成的(见图8-2)。沼泽表面冒出的沼泽气、煤矿坑中的危险坑气(瓦斯)、天然气的主要成分(高达97%)都是甲烷。

图8-1 甲烷的球棍模型

图8-2 植物腐败产生沼气

我国是世界上最早利用天然气作燃料的国家,我国的天然气储量居世界第19位,主要集中在西部的新疆、四川、甘肃等地区,"西气东输"工程就是将新疆等地的天然气,通过管道输到长江三角洲等地。

天然气是一种高效、低耗、污染小的清洁能源,目前世界能源需求的20%由天然气提供。天然气还是重要的化工原料,可加工出多种化工产品。

(2) 甲烷的物理性质

甲烷是一种无色、无味的气体,密度是$0.717 g \cdot L^{-1}$(标准状况),比空气小,极难溶于水。

(3) 甲烷的化学性质

① 氧化反应 甲烷是优良的气体燃料,纯净的甲烷能在空气中安静地燃烧,发出淡蓝色的火焰,生成二氧化碳和水,同时放出大量的热。

$$CH_4(g) + 2O_2(g) \xrightarrow{点燃} CO_2(g) + 2H_2O(l)$$

空气中的甲烷含量在5%～15.4%(体积)范围内时,遇火花即发生爆炸。因此点燃前要先验纯。

② 高温分解 在隔绝氧气的条件下,甲烷在1500℃以上温度时可分解得到炭黑和氢气。

$$CH_4 \xrightarrow{1500℃以上} C + 2H_2$$

工业上利用分解天然气制炭黑,作为橡胶工业的填充剂。

③ 取代反应 在光照的条件下,甲烷能与氯气发生反应:

$$\begin{matrix} & H & & & & & H & \\ & | & & & & & | & \\ H - & C & - [H + Cl] - Cl & \xrightarrow{光} & H - & C & - Cl + H - Cl \\ & | & & & & & | & \\ & H & & & & & H & \end{matrix}$$

生成的产物一氯甲烷还可与氯气继续反应,依次生成难溶于水的油状液体:二氯甲烷、三氯甲烷(氯仿)和四氯甲烷(四氯化碳)。生成各产物的反应是同时进行的,产物的比例与反应物甲烷和氯气的比例有关。

写出一氯甲烷与氯气进一步反应的化学方程式。

有机物分子里的某些原子或原子团被其他原子或原子团所替代的反应叫做取代反应。取代反应类型有:原子代替原子、原子团代替原子、原子代替原子团、原子团代替原子团。

(4)甲烷的实验室制法

实 验 活 动

甲烷是用无水醋酸钠和碱石灰(氢氧化钠和氧化钙的混合物)混合加热制得的,如图8-3所示。反应式如下:

$$CH_3COONa + NaOH \xrightarrow[CaO]{\triangle} Na_2CO_3 + CH_4\uparrow$$

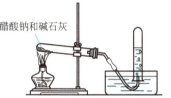

图8-3 实验室制甲烷装置

除了排水法收集甲烷气体以外,还可以用什么方法收集?发生装置和哪一种气体的制备一样?

2. 烷烃

与甲烷结构相似的有机物还有很多,观察下面有机物的构造式和模型,分析它们有什么共同点。

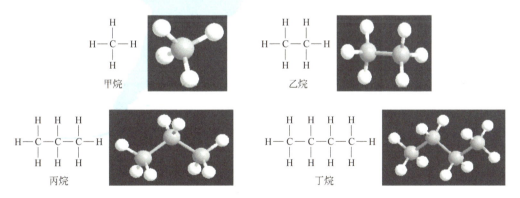

在这些烃分子中,碳原子之间都以碳碳单键结合成链状,其余的价键全部跟氢原子相结合,使每个碳原子的化合价都已充分利用,都达到"饱和"。这样的烃叫做饱和烃,又叫烷烃。

为了书写方便，有机物除用构造式表示外还可以用构造简式表示，如乙烷和丙烷的构造简式分别为 CH_3CH_3 和 $CH_3CH_2CH_3$。

（1）同系物

由甲烷（CH_4）、乙烷（C_2H_6）、丙烷（C_3H_8）、丁烷（C_4H_{10}）的化学式不难看出，相邻的两个化合物在组成上均相差一个 CH_2。像这种结构相似，在组成上相差一个或多个 CH_2 的一系列化合物互称为同系物。

如果烷烃中的碳原子数为 n，烷烃中的氢原子数就是 $2n+2$，烷烃的化学式可用一个通式 C_nH_{2n+2} 来表示。

（2）烷基

烷烃分子中的某个氢原子失掉以后剩下的原子团叫做烷基。几种简单烷基的构造式和名称如下：

$CH_3—$	甲基	$CH_3CH_2—$	乙基
$CH_3CH_2CH_2—$	正丙基	$(CH_3)_2CH—$	异丙基
$CH_3CH_2CH_2CH_2—$	正丁基	$(CH_3)_2CHCH_2—$	异丁基
$CH_3CH_2CH(CH_3)—$	仲丁基	$(CH_3)_3C—$	叔丁基

通常以 RH 表示某种烷烃，R—则表示某种烷基。

（3）同分异构体

在甲烷、乙烷、丙烷分子中，碳原子只有一种连接方式。从丁烷开始分子中碳原子之间可有不同的连接方式，例如丁烷 C_4H_{10} 有下列两种构造异构体。

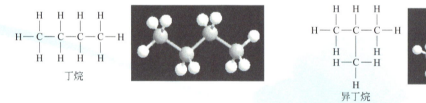

丁烷　　　　　　　　　　　　　　　异丁烷

虽然这两种结构都是四个碳原子的烷烃，却是性质不同的两种化合物。正丁烷与异丁烷的性质比较见表8-2。

表8-2　正丁烷与异丁烷性质比较

物质	熔点/℃	沸点/℃	相对密度
正丁烷	−138.4	−0.5	0.5788
异丁烷	−159.6	−11.7	0.557

像这种化合物具有相同的化学式，但具有不同构造式的现象称为同分异构现象。具有同分异构现象的化合物互称为同分异构体。在烷烃分子里，含碳原子数越多，碳原子的结合方式就越趋复杂，同分异构体的数目就越多，见表8-3。

表8-3　部分烷烃的异构体数目

碳原子数	1	2	3	4	5	6	7	8	9	10	15	20
异构体数	—	—	—	2	3	5	9	18	35	75	4347	366319

同分异构现象是有机物普遍存在的重要现象，也是有机物种类繁多的原因之一。

（4）烷烃的命名

① 普通命名法　普通命名法又叫习惯命名法，其基本原则如下：

按分子中碳原子的数目称某烷，碳原子在十以内用甲、乙、丙、丁、戊、己、庚、辛、壬、癸表示，十以上用中文数字十一、十二、……表示。

例如：　　　　$CH_3CH_2CH_2CH_3$　　　正丁烷

$CH_3CH_2CH_2CH_2CH_2CH_2CH_2CH_2CH_2CH_2CH_2CH_3$　　正十二烷

为区分异构体常把直链的烷烃称"正"某烷。把链端第二位碳原子上连有一个甲基支链的叫做"异"某烷。把链端第二位碳原子上连有两个甲基支链的叫做"新"某烷。例如：

$CH_3-CH_2-CH_2-CH_2-CH_3$　　正戊烷

$$CH_3-\underset{\underset{CH_3}{|}}{CH}-CH_2-CH_3 \qquad CH_3-\underset{\underset{CH_3}{|}}{\overset{\overset{CH_3}{|}}{C}}-CH_3$$

异戊烷　　　　　　　　新戊烷

此法适用于含碳原子数较少、结构简单的烷烃，结构复杂的则不适用。

② 系统命名法　系统命名法是一种普遍适用的命名方法。它是采用国际上通用的IUPAC（国际纯粹和应用化学联合会）命名原则，又结合我国汉字特点制定出的命名方法。

a. 直链烷烃的命名　对于直链烷烃的命名与普通命名法基本相同，但不写"正"字，例如：

$CH_3-CH_2-CH_2-CH_2-CH_3$

普通命名法　　正戊烷
系统命名法　　戊烷

b. 支链烷烃的命名　对于带支链的烷烃，可以看成是直链烷烃的烷基衍生物，应按下列步骤命名。

（a）选择主链（母体）　选择分子中最长的碳链做主链，支链作为取代基。按照主链中所含的碳原子数目称为"某烷"，作为母体名称。例如：

$$\underset{\underset{\underset{\text{支链，作为取代基}}{\underbrace{}}}{CH_3 \ CH_3}}{\overline{CH_3-CH-CH-CH_2-CH_2-CH_3}} \leftarrow 主链，作为母体$$

上式主链中含有6个碳原子，母体名称为"己烷"。

（b）主链编号　把主链中离支链最近的一端作为起点，用阿拉伯数字给主链上的碳原子依次编号定位，以确定支链（取代基）的位置。例如：

$$\overset{1}{CH_3}-\overset{2}{\underset{\underset{CH_3}{|}}{CH}}-\overset{3}{\underset{\underset{CH_3}{|}}{CH}}-\overset{4}{CH_2}-\overset{5}{CH_2}-\overset{6}{CH_3}$$

（c）写出全称　依次写出取代基的位次、数目、名称、母体名称。如果取代基相同，合并起来用二、三等数字表示其数目，相同取代基位置之间用"，"隔开，不同的取代基，简单的写在前面，复杂的写在后面，阿拉伯数字与汉字之间用"—"连接。例如：

$$\begin{array}{c}\overset{1}{CH_3}-\overset{2}{CH}-\overset{3}{CH}-\overset{4}{CH_2}-\overset{5}{CH_2}-\overset{6}{CH_3}\\ \quad\quad\;\;|\quad\;\;|\\ \quad\quad CH_3\;CH_3\end{array}$$

2,3-二甲基己烷 ── 主链
　　　　　　　└── 取代基名称
　　　　　　　└── 取代基数目
　　　　　　　└── 取代基位置

$$\begin{array}{c}\overset{1}{CH_3}-\overset{2}{CH}-\overset{3}{CH}-\overset{4}{CH}-\overset{5}{CH_3}\\ \quad\quad\;\;|\quad\;\;|\quad\;\;|\\ \quad\quad CH_3\;C_2H_5\;CH_3\end{array}$$

2,4-二甲基-3-乙基戊烷

写出 C_6H_{14} 的同分异构体，并用系统命名法命名。

（5）烷烃的性质

① 物理性质　随着碳原子数的增多，烷烃的沸点逐渐升高，密度逐渐增大。通常情况下，碳原子数 1～4 个的烷烃呈气态，碳原子数 5～16 个的烷烃呈液态，碳原子数 17 个以上的烷烃呈固态。部分烷烃的物理性质见表 8-4。

表8-4　几种直链烷烃的物理性质

名称	化学式	沸点/℃	熔点/℃	相对密度[①]	常温时的状态
甲烷	CH_4	-161.7	-182.6	0.4240	气
乙烷	CH_3CH_3	-88.6	-172	0.5462	气
丙烷	$CH_3CH_2CH_3$	-42.2	-187.1	0.5824	气
丁烷	$CH_3(CH_2)_2CH_3$	-0.5	-135.0	0.5788	气
戊烷	$CH_3(CH_2)_3CH_3$	36.1	-129.7	0.5572	液
癸烷	$CH_3(CH_2)_8CH_3$	174	-29.7	0.7298	液
二十烷	$CH_3(CH_2)_{18}CH_3$	343	37	0.786	固

① 指20℃时某物质的密度对4℃时水的密度的比值。

② 化学性质　烷烃的化学性质与甲烷类似，在通常情况下，能稳定存在，跟酸、碱、氧化剂都不反应。在空气中能点燃，光照下能与氯气发生取代反应。

（1）在人类已知的化合物中，品种最多的是（　　）
A.过渡元素的化合物　B.ⅢA族元素的化合物　C.ⅣA族元素的化合物　D.ⅥA族元素的化合物

（2）下列物质在一定条件下，能与甲烷发生化学反应的是（　　）
A.氧气　　　　　B.酸性高锰酸钾溶液　　C.盐酸　　　　D.氢氧化钠

（3）下列气体的主要成分不是 CH_4 的是（　　）
A. 沼气　　　　B. 天然气　　　　C.水煤气　　　　D.煤矿里的瓦斯

（4）按沸点从低到高的顺序排列下列烷烃：
十八烷、丁烷、十二烷、癸烷、庚烷

知识窗

碳原子和氢原子的类型

烷烃分子中的碳原子，它们相互连接的碳原子数目是不相同的，为区别起见，把它们分为四类：碳原子只与另外一个碳原子相连的，叫伯碳原子或一级碳原子，常用1°表示；碳原子与另外两个碳原子相连的，叫仲碳原子或二级碳原子，常用2°表示；碳原子与另外三个碳原子相连的，叫叔碳原子或三级碳原子，常用3°表示；碳原子与另外四个碳原子相连的，叫季碳原子或四级碳原子，常用4°表示。与伯、仲、叔碳原子相连的氢原子，分别叫伯、仲、叔氢原子。由于季碳原子的价键已饱和，所以没有季氢原子。例如：

$$\overset{1°}{CH_3}-\overset{3°}{CH}-\overset{2°}{CH_2}-\overset{4°}{\underset{\underset{1°}{CH_3}}{C}}-\overset{1°}{CH_3}$$
$$\underset{\underset{1°}{CH_3}}{|}\qquad\underset{\underset{1°}{CH_3}}{|}$$

任务四　认识乙烯及烯烃

知识与能力

- 了解乙烯的结构、性质和用途。
- 理解氧化反应、加成反应和加聚反应。
- 掌握烯烃的系统命名法，会判断饱和烃与不饱和烃。

通常乙烯是衡量一个国家石油化工发展水平的标志，那么乙烯具有怎样的结构和性质，又有什么用途呢？

1. 乙烯

（1）乙烯的结构

乙烯的化学式：C_2H_4

乙烯的构造式：

乙烯分子模型

构造简式可写为：$CH_2\!=\!CH_2$

（2）乙烯的物理性质

乙烯在常温下为无色、无臭、稍带有甜味的气体，比空气略轻。难溶于水，能溶于有机溶剂。易燃，爆炸极限为2.7%～36%。

（3）乙烯的化学性质

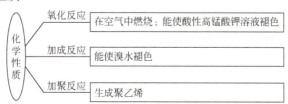

① 氧化反应

$$CH_2=CH_2+3O_2 \longrightarrow 2CO_2+2H_2O$$

> 火焰比甲烷的火焰明亮些，并有黑烟

乙烯易被氧化剂高锰酸钾氧化，使高锰酸钾溶液褪色。利用此反应可以区别甲烷和乙烯。

② 加成反应

$$\underset{H}{\overset{H}{H-C}}=\underset{H}{\overset{H}{C-H}} + Br_2 \longrightarrow H-\underset{Br}{\overset{H}{C}}-\underset{Br}{\overset{H}{C}}-H$$

> 乙烯通入溴的四氯化碳溶液后，溴的红棕色很快褪去，说明乙烯与溴发生了反应

有机物分子中不饱和键（双键或三键）两端的原子与其他原子或原子团直接结合生成新的化合物的反应叫做加成反应。烯烃不仅可与溴等卤素单质发生加成反应，在一定条件下，还可以与卤化氢、氢气、水等发生加成反应。如乙烯与溴化氢加成：

$$CH_2=CH_2+HBr \longrightarrow CH_3CH_2Br$$
1-溴乙烷

写出下列反应：
乙烯与氢气加成反应：_____
乙烯与水加成反应：_____

③ 加聚反应　由有机小分子化合物通过加成反应，结合成有机高分子化合物的反应叫做加聚反应。

乙烯可以通过加聚合成聚乙烯：

$$nCH_2=CH_2 \xrightarrow{催化剂} \text{—}[CH_2-CH_2]_n\text{—}$$

（4）乙烯的实验室制法

实验室里采用无水乙醇和浓硫酸加热脱水制得乙烯。

$$\underset{\underset{[H\ \ OH]}{|}}{\overset{\overset{H\ \ H}{|\ \ |}}{H-C-C-H}} \xrightarrow[170℃]{浓H_2SO_4} CH_2=CH_2\uparrow + H_2O$$

实验活动

（1）按图8-4装置，在烧瓶中注入无水乙醇和浓硫酸[V(无水乙醇)：V(浓硫酸)=1：3]的混合液约20mL，放入几片碎瓷片，以避免混合液在受热沸腾时剧烈跳动（暴沸）。加热混合液，使液体温度迅速升到170℃，这时就有乙烯生成。用排水集气法收集生成的乙烯。

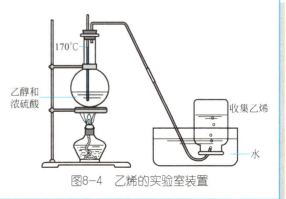

图8-4　乙烯的实验室装置

（2）点燃纯净的乙烯，观察乙烯燃烧时的现象。
（3）将乙烯通入盛有$KMnO_4$酸性溶液的试管中，观察试管里溶液颜色的变化。
（4）将乙烯通入盛有溴的四氯化碳溶液的试管中，观察试管里溶液颜色的变化。

知识窗 — 乙烯的主要用途

洗涤剂、乳化剂、防冻剂

聚乙烯、聚氯乙烯、聚苯乙烯

二氯乙烷、环氧乙烷、乙醛

乙醇、高级醇、聚乙二醇

酯类、增塑剂

杀虫剂、植物生长调节剂

涤纶

2. 烯烃

烯烃是含有碳碳双键的碳氢化合物。碳链中含有一个碳碳双键的烯烃，也叫单烯烃，如$CH_3CH_2CH=CH_2$，单烯烃比相应的烷烃少两个氢原子，其通式为C_nH_{2n}。

含有两个碳碳双键或多个碳碳双键的叫二烯烃或多烯烃，如1,3-丁二烯：$CH_2=CHCH=CH_2$。

（1）烯烃的命名

选择含有双键在内的最长碳链为主链，按主链碳原子的数目命名为某烯。

从距离双键最近的一端给主链上的碳原子依次编号，用阿拉伯数字表示双键的位置，写在某烯的前面，并用"-"短线隔开。例如：

$\overset{1}{C}H_2=\overset{2}{C}H-\overset{3}{C}H_2-\overset{4}{C}H_3$　　　$\overset{1}{C}H_3-\overset{2}{C}H=\overset{3}{C}H-\overset{4}{C}H_3$
　　1-丁烯　　　　　　　　　　2-丁烯

$\overset{1}{C}H_2=\overset{2}{C}-\overset{3}{C}H_3$
　　　　|
　　　CH_3
　2-甲基丙烯

（2）烯烃的性质

烯烃的物理性质一般也随碳原子数目的增加而递变。常温下，含2～4个碳原子的烯烃为气体，含5～18个碳原子的烯烃为液体，含18个碳原子以上的烯烃为固体。直链烯烃的沸点比带支链的异构体略高一些。沸点也是随相对分子质量的增加而升高。熔点变化规律性较差，但从总的趋势来看也是随相对分子质量的增加而升高。相对密度都小于1，比水轻。

由于烯烃的分子中均含有碳碳双键，所以烯烃的化学性质跟乙烯相似，容易发生加成反应、氧化反应等。

（1）通常用来衡量一个国家石油化工发展水平的标志是（　　）。
A.石油的产量　　　　B.乙烯的产量　　　　C.塑料的产量　　　　D.合成纤维的产量
（2）下列各组物质在一定条件下反应，可以制得较纯净的1,2-二氯乙烷的是（　　）。
A.乙烷与氯气混合　　B.乙烯与氯化氢气体混合　　C.乙烯与氯气混合　　D.乙烯通入浓盐酸
（3）下列变化属于加成反应的是（　　）。
A.乙烯通入酸性高锰酸钾溶液　　　　　　　B.乙烷与溴蒸气
C.乙醇与浓硫酸共热　　　　　　　　　　　D.乙烯与氯化氢在一定条件下反应
（4）试写出戊烯的几种同分异构体并命名。

烯烃的顺反异构

知识窗

如果烯烃的每个双键碳原子上连接的是两个不同的原子或原子团，则双键碳上的4个原子或原子团在空间就有两种不同的排列方式，产生两种不同的结构，例如，2-丁烯碳碳双键的碳原子上都连接了不同的原子和原子团（—H和—CH₃），2-丁烯就存在两种异构体：双键上的H原子在双键同侧的为顺式，两个H原子不在双键同侧的为反式。

$$\begin{array}{cc} H_3C\diagdown\quad /CH_3 & H_3C\diagdown\quad /H \\ C=C & C=C \\ H/\quad \diagdown H & H/\quad \diagdown CH_3 \end{array}$$

顺-2-丁烯　　　　　反-2-丁烯

烯烃与烷烃不同，烷烃中的碳碳单键可以围绕键轴旋转，但是碳碳双键不能旋转；像这种由于碳碳双键不能旋转而导致分子中原子或原子团在空间的排列方式不同所产生的异构现象，称为顺反异构。

形成顺反异构必须具备两个条件：分子中存在着限制碳原子自由旋转的因素，如双键或环（如脂环）的结构；不能自由旋转的碳原子连接的原子或原子团必须是不相同的。

顺反异构与构造异构不同，构造异构是由于原子或原子团在分子中排列和结合的顺序不同所引起的，而顺反异构体的构造是相同的，形成顺反异构是由于分子中各原子在空间的排列方式不同，顺反异构属于立体异构。

任务五　认识乙炔及炔烃

知识与能力

> 了解乙炔的结构、性质和用途。
> 理解氧化反应、加成反应和炔氢反应。
> 掌握炔烃的系统命名法。
> 会从官能团分析、比较有机物的性质。

 你知道焊接金属时用的气体是什么？它具有怎样的结构和性质，还有什么用途呢？

1. 乙炔

（1）乙炔的结构

乙炔的空间结构为直线型，键角180°，乙炔分子中的四个原子在同一条直线上。

乙炔的化学式为C_2H_2，构造式为$H-C\equiv C-H$，造构简式可写成$CH\equiv CH$。

（2）乙炔的物理性质

乙炔俗名电石气。纯净的乙炔是无色、无味的气体。乙炔密度比空气稍小，微溶于水，易溶于有机溶剂。

（3）乙炔的化学性质

化学性质
- 氧化反应：在空气中燃烧；能使酸性高锰酸钾溶液褪色
- 加成反应：催化加氢；使溴水褪色；与卤化氢反应
- 炔氢反应：三键碳原子上的氢叫炔氢，含有炔氢的炔烃(即末端炔烃)可以和碱金属(如金属钠)反应生成炔化物

① 氧化反应　点燃纯净的乙炔，火焰明亮并伴有浓烈的黑烟。

$$2CH\equiv CH+5O_2 \xrightarrow{点燃} 4CO_2 +2H_2O$$

乙炔在纯氧中燃烧时，产生的氧炔焰温度可达3000℃以上，工业上常利用它来焊接或切割金属。可使酸性高锰酸钾溶液褪色，因此可用来鉴别饱和烃与不饱和烃。

② 加成反应　乙炔使溴的四氯化碳溶液褪色，发生加成反应。

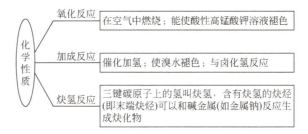

在有催化剂存在的条件下加热，乙炔也能与氯化氢发生加成反应生成氯乙烯：

$$HC\equiv CH + HCl \xrightarrow[\triangle]{催化剂} H_2C=CHCl$$
氯乙烯

氯乙烯可用来制聚氯乙烯塑料，用作包装材料和防雨材料。其反应式为：

$$nH_2C=CH\!\!\!\!\!\underset{Cl}{|} \xrightarrow[\triangle]{催化剂} -[CH_2-CH\!\!\!\!\!\underset{Cl}{|}]_n-$$
聚氯乙烯

从乙炔出发可以合成塑料、橡胶、纤维以及有机合成的重要原料和溶剂等，所以，乙炔是一种重要的基本有机原料。

③ 炔氢的反应　金属钠可以将炔烃中的氢置换出来。

$$CH\equiv CH + Na \xrightarrow{110℃} NaC\equiv CNa + H_2$$

$$R-C\equiv CH \xrightarrow{Ag(NH_3)_2^+} R-C\equiv CAg\downarrow$$
白色炔化银

$$R-C\equiv CH \xrightarrow{Cu(NH_3)_2^+} R-C\equiv CCu\downarrow$$
红棕色炔化亚铜

以上反应可用于1-炔烃的鉴别。

（4）乙炔的实验室制法

在实验室里常用电石（CaC_2）和水反应制取乙炔。

$$CaC_2 + 2H_2O \longrightarrow HC\equiv CH\uparrow + Ca(OH)_2$$

电石法生产乙炔历史悠久，生产工艺比较简单，但耗电量大，成本高，目前正在被石油气或天然气裂解法所取代。

实验活动

（1）按图8-5装置。在干燥的烧瓶中放几块碳化钙，慢慢旋开分液漏斗的旋塞，使水缓慢地滴入（为了缓解反应，可用饱和食盐水代替），用排水法收集乙炔。观察乙炔的颜色、状态。

（2）点燃纯净的乙炔，观察乙炔燃烧时的现象。

（3）将乙炔通入盛有$KMnO_4$酸性溶液的试管中，观察试管里溶液颜色的变化。

（4）将乙炔通入盛有溴的四氯化碳溶液的试管中，观察试管里溶液颜色的变化。

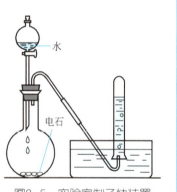

图8-5 实验室制乙炔装置

知识窗 —— 乙炔的主要用途

氯丁橡胶
(合成橡胶)

氯乙烯
聚氯乙烯(塑料)

甲基乙烯基醚
(涂料、增塑剂)

高温氧炔焰
金属的焊接和切割

2. 炔烃

链烃分子里含有碳碳三键（$-C\equiv C-$）的烃叫做炔烃。除乙炔外，还有丙炔、丁炔等。乙炔的同系物也依次相差1个"CH_2"原子团，炔烃比同数碳原子的烯烃少2个氢原子，所以炔烃的通式是C_nH_{2n-2}。炔烃的系统命名法和烯烃相似。只要将"烯"字改为"炔"字即可。例如：

$$CH\equiv C-CH_2-CH_3$$
1-丁炔

$$CH\equiv C-CH-CH_3$$
$$|$$
$$CH_3$$
3-甲基-1-丁炔

由于炔烃的分子中均含有碳碳三键，所以炔烃的化学性质跟乙炔相似，容易发生加成反应、氧化反应等。

（1）在下列物质中：属于同系物的是（　　），属于同分异构体的是（　　）。

A. $CH_3-CH-CH_2-CH_2-CH_3$
　　　　$|$
　　　　CH_3

B. $CH\equiv C-CH-CH_3$
　　　　　$|$
　　　　　CH_3

C. $CH_3-CH-CH-CH_3$
　　　　$|$　$|$
　　　　CH_3 CH_3

D. $CH_3-CH_2-CH-C\equiv CH$
　　　　　　　$|$
　　　　　　　CH_3

（2）填表

项目	甲烷	丙烷	乙烯	乙炔
化学式				
含碳量				
与 H_2 加成				
燃烧反应				

（3）命名下列化合物。

A. $CH\equiv C-CH-CH_2-CH_3$
　　　　　　$|$
　　　　　　CH_3

B. $CH_3-CH_2-CH-C\equiv C-CH_3$
　　　　　　　　$|$
　　　　　　　　CH_3

二烯烃

知识窗

有两个碳碳双键的开链不饱和烃叫二烯烃，其通式为 C_nH_{2n-2}。根据两个双键的相对位置不同，可将二烯烃分为：

累积二烯烃：如 $CH_2=C=CH_2$（丙二烯）。

共轭二烯烃：如 $CH_2=CH-CH=CH_2$（1,3-丁二烯）。

孤立二烯烃：如 $CH_2=CH-CH_2-CH=CH_2$（1,4-戊二烯）。

上述三种二烯烃中累积二烯烃最不稳定，数量少，实际应用也不多。孤立二烯烃的性质与一般单烯烃的性质相似。共轭二烯烃由于结构特殊，所以具有特殊的性质，如发生1,2加成和1,4加成反应，1,2加成聚合和1,4加成聚合。在理论上和实际应用上都很重要。如：1,3-丁二烯是合成橡胶和某些树脂的重要单体；2-甲基-1,3-丁二烯（异戊二烯）是合成天然橡胶的单体。

任务六　认识苯及苯的同系物

知识与能力

> - 了解苯的结构、性质和用途。
> - 掌握氧化反应、加成反应和取代反应。
> - 会判断芳香烃。

 苯是一种致癌物质，苯又是一种基本化工原料，那么苯属于哪类化合物，具有什么性质？

1. 苯

苯的化学式：C_6H_6

苯的构造如下：

苯分子球棍模型

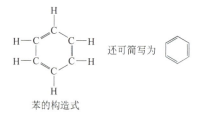

苯的构造式

（1）苯的物理性质

苯在常温下呈液态，无色，有芳香气味，难溶于水，易溶于有机溶剂，苯的密度为 $0.8765 g·mL^{-1}$，熔点为 $5.5℃$，沸点为 $80.1℃$；苯容易挥发（密封保存），苯蒸气有毒。苯和其他烃一样，可以燃烧，燃烧时产生大量黑烟。

（2）苯的化学性质

取代反应	芳烃苯环上的氢原子可以被卤素、硝基（—NO_2）、磺酸基（—SO_3H）等所取代
加成反应	苯环不容易发生加成反应，但在一定条件下可以与 H_2、Cl_2 等加成。如在镍、铂、钯等催化剂的作用下，苯可以加氢生成环己烷
氧化反应	苯在空气里燃烧；苯环一般不被常用氧化剂（如 $KMnO_4$ 等）氧化，但在强烈条件下（如高温及催化剂作用下）也可被氧化，苯环开裂，生成顺丁烯二酸酐

（苯的化学性质）

① 取代反应　苯分子里的氢原子能被其他原子或原子团取代而发生取代反应。

a. 卤代反应　在催化剂存在时，苯分子中的氢原子能被纯溴取代。

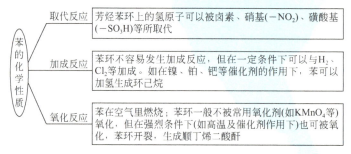

b. 硝化反应　苯分子中的氢原子被—NO_2（硝基）所取代的反应，叫做硝化反应。

$$\text{C}_6\text{H}_6 + HO—NO_2 \xrightarrow[\triangle]{\text{浓硫酸}} \text{C}_6\text{H}_5—NO_2 + H_2O$$

硝基苯是一种无色油状液体，有苦杏仁味，密度比水大，难溶于水，易溶于乙醇和乙醚。硝基苯是一种化工原料，人若吸入硝基苯或与皮肤接触，可引起中毒。硝基苯可以被还原成苯胺，苯胺是制造染料的重要原料。

c. 磺化反应　苯分子中的氢原子被—SO₃H（磺酸基）所取代的反应，叫做磺化反应。

$$\bigcirc + HO-SO_3H \xrightarrow{70\sim80℃} \bigcirc-SO_3H + H_2O$$
苯磺酸

② 加成反应　苯不具有典型的碳碳双键所有的加成反应，但在特定的条件下，如在催化剂、高温、高压、光照的影响下，仍可发生一些加成反应。例如：苯在一定条件下，可与氢气发生加成反应。

$$\bigcirc + 3H_2 \xrightarrow[\Delta]{催化剂} 环己烷$$

③ 氧化反应　在空气中燃烧，但不能被高锰酸钾氧化。燃烧时火焰明亮并带有浓烟。

$$2C_6H_6+15O_2 \xrightarrow{燃烧} 12CO_2+6H_2O$$

实验活动

（1）在两支试管里分别加入 1mL 酸性高锰酸钾溶液和 1mL 溴水，再滴加数滴苯，振荡试管，观察现象_____。

（2）按图8-6装置，在分液漏斗里加入 3～4mL 苯和溴的混合液（苯和溴按体积比 4：1 混合）圆底烧瓶中加入少许铁粉，开启活塞，逐滴加入混合液，然后打开夹子，观察现象_____

回答问题：

① 反应中铁丝_____的作用。

② 烧杯中 AgNO₃ 的作用_____。

③ 写出苯和液溴反应的化学方程式_____。

④ 写出烧杯中反应的离子方程式_____。

（3）取一支大试管，加入 1.5mL 浓硝酸和 2mL 浓硫酸摇匀，冷却。在混合酸中慢慢滴加 1mL 苯，并不断摇动，使其混合均匀。10min 后，把混合物倒入另一只盛水的烧杯中将试管放在60℃的水浴中加热（如图8-7）。

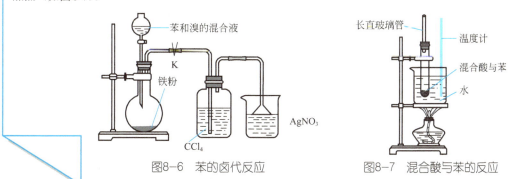

图8-6　苯的卤代反应　　　图8-7　混合酸与苯的反应

苯也是一种重要的有机化工原料，它可生产合成纤维、合成橡胶、塑料、农药、医药、染料、香料等，同时也是常用的有机溶剂。

你知道烈性炸药由什么物质制成的吗?这个反应属于哪一类反应?

2. 苯的同系物

当苯环上的一个或多个氢原子被烃基取代后,生成的产物叫做苯的同系物。苯的同系物的通式为C_nH_{2n-6}($n \geq 6$的正整数)。苯的同系物在性质上跟苯有许多相似之处,如燃烧时都产生带浓烟的火焰,都能发生苯环上的取代反应。例如,甲苯可以和浓硝酸、浓硫酸的混合酸发生反应,苯环上的氢原子被硝基(—NO_2)取代,生成2,4,6-三硝基甲苯。但苯的同系物能使酸性$KMnO_4$溶液褪色,利用这个性质可以用来区别苯和苯的同系物。

除了苯之外,还有一些烃类化合物,其分子中含有一个或多个苯环,这样的化合物都属于芳香烃,芳香烃简称芳烃。芳香族化合物在历史上指的是一类从植物胶里取得的具有芳香气味的物质,但目前已知的芳香族化合物中,大多数是没有香味的,但由于习惯仍称芳香烃。苯是最简单的单环芳烃。

试写出
(1)甲苯催化加氢的方程式_____。
(2)甲苯与浓硫酸和浓硝酸反应的化学方程式_____。
(3)苯与氯气加成反应的方程式_____。

任务七　提纯苯甲酸

知能目标

> 了解用重结晶法提纯固体有机物的原理和方法。
> 初步掌握溶解、加热、保温过滤和减压过滤等基本操作。

解析原理

本实验利用苯甲酸在水中的溶解度随温度的变化差异较大的特点(如18℃时为0.27g,100℃为5.7g),将粗苯甲酸溶于沸水中并加活性炭脱色,不溶性杂质和活性炭在热过滤时除去,可溶性杂质在冷却后,苯甲酸析出结晶时留在母液中,从而达到提纯目的。

仪器和药品

烧杯(200mL)、锥形瓶(250mL)、保温漏斗、减压过滤装置、表面皿、苯甲酸(粗品)、活性炭等。

操作过程

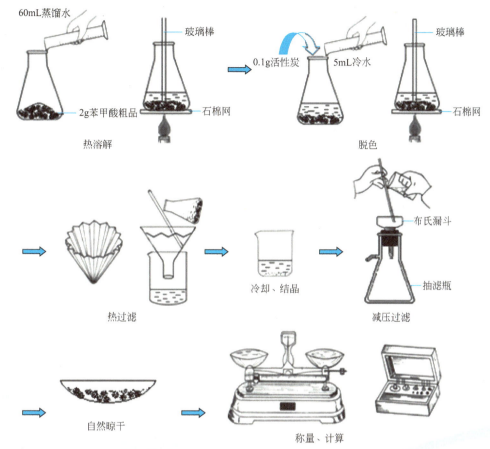

温馨提示

- 重结晶时，应加入稍过量的溶剂。
- 热过滤时，保温漏斗夹套中的水温一定要足够高。
- 减压过滤时，应停止抽气再进行洗涤。

阅读材料

石 油

石油是重要的能源和宝贵的资源。人们称之为"工业的血液"。石油燃烧的热值高，运输和储存方便，20世纪50年代以来在世界的能源消费结构中，石油跃居首位。石油是古代动植物遗体在地壳内经过非常复杂的变化而形成的。

开采出来的石油是一种黑褐色的黏稠液体，称为原油，有特殊的气味，比水轻，不溶于水。没有固定的熔点和沸点。原油中含水、氧化钙和氯化镁等盐类，必须经过脱水、脱盐等处理。经过脱水、脱盐等处理的石油主要是各种碳氢化合物组成的混合物。其中含碳原子数少的沸点低，含碳原子数多的沸点高。因此将石油加热至沸腾，通过分馏塔将石油分成不同的沸点范围的蒸馏产物，这就是石油的分馏，分馏出来的每一种成分叫馏分，每一种馏分仍然是各种碳氢化合物组成的混合物。表8-5是石油分馏产品及其用途。

油田

采油机

炼油厂

表8-5 石油分馏的产品及其用途

分馏产品		沸点范围/℃	含碳原子数	用途
石油气		先分馏出的馏分	$C_1 \sim C_4$	气体燃料
汽油		70～180	$C_5 \sim C_{10}$	重要的内燃机燃料和溶剂
煤油		180～280	$C_{10} \sim C_{16}$	拖拉机燃料和工业洗涤剂
柴油		280～350	$C_{17} \sim C_{20}$	重型汽车、军舰、坦克、轮船、拖拉机和各种柴油机的燃料
重油	润滑油	360℃以上	$C_{16} \sim C_{20}$	机械润滑剂和防锈剂
	凡士林		$C_{18} \sim C_{20}$	润滑剂、防锈剂和药物软膏原料
	石蜡		$C_{20} \sim C_{30}$	制造蜡纸、蜡烛和绝缘材料
	沥青		$C_{30} \sim C_{40}$	筑路和建筑材料，也是防腐涂料

项目小结

1. 有机化合物的特点
2. 烷烃、烯烃、炔烃
- 通式、结构、分类、主要性质
- 同分异构体、同系物、系统命名法
- 甲烷、乙烯、乙炔的制法
3. 苯及其同系物
- 苯的结构、性质
- 苯同系物的性质

复习题

一、填空题

1.有机化合物是指含＿＿＿＿元素的化合物。按照有机物中所含元素种类可将有机化合物分为＿＿＿＿＿及其衍生物。

2.＿＿＿＿是最简单的有机物，碳原子完全被氢所饱和的烃称为＿＿＿＿，该类物质的通式是＿＿＿＿。

3.在含C原子数不同的烷烃中，随碳原子数的增加它们的熔沸点逐渐＿＿＿＿＿，一般少于＿＿＿＿个碳的烷烃在常温下为气态；随碳原子数的增加它们的相对密度逐渐＿＿＿＿，但它们的相对密度都_____1（填<、>或=）。

4.分子中含有碳碳双键的烃类叫做_____，_____是最简单的烯烃，_____反应是烯烃的特征反应。烯烃的通式是_____。

5.分子中含有碳碳三键（—C≡C—）的烃叫做_____，_____是最简单的炔烃。炔烃的通式是_____。

6.分子中含有一个或多个苯环结构的碳氢化合物叫做_____。烷基苯的通式是_____。

7.化合物具有相同的化学式，但具有不同构造式的现象称为_____现象。化学式为C_5H_{12}的烃有_____种构造异构体。

二、选择题

1.下列对同系物的叙述中不正确的是（　　）。
A.同系物的化学性质相似　　　　B.同系物必为同一类物质
C.同系物的组成元素不一定相同　　D.同系物最简式不一定相同

2.芳烃的典型反应是（　　）。
A.加成反应　　B.氧化反应　　C.取代反应　　D.还原反应

3.烯烃的特征反应是（　　）。
A.加成反应　　B.氧化反应　　C.取代反应　　D.还原反应

4.下列物质中不属于有机物的是（　　）。
A.天然气　　B.煤　　C.石油　　D.铁矿石

5.下列化合物中是苯的同系物的是（　　）。
A.甲苯　　B.苯乙烯　　C.氯苯　　D.环己烷

6.下列化合物中属于饱和烃的是（　　）。
A.乙苯　　B.乙烯　　C.氯苯　　D.乙烷

7.下列化合物中是乙苯的同分异构体的是（　　）。
A.甲苯　　B.苯乙烯　　C.对二甲苯　　D.均三甲苯

8.乙烯使溴水褪色属于（　　）反应。
A.取代反应　　B.加成反应　　C.氧化反应　　D.还原反应

9.以制取芳香烃为主要目的的石油加工方法是（　　）
A.石油的裂化　　B.石油的裂解　　C.石油的蒸馏　　D.石油的重整

10.以制取低级烯烃为主要目的的石油加工方法是（　　）。
A.石油的裂化　　B.石油的裂解　　C.石油的蒸馏　　D.石油的重整

11.异戊烷在高温下氯代时，生成的一元氯代产物可能有（　　）。
A.二种　　B.三种　　C.四种　　D.五种

12.化合物$CH_3CH_2CH_2CH(CH_3)CH_2CH_3$的系统名称是（　　）。
A.庚烷　　B.3-甲基己烷　　C.4-甲基己烷　　D.异辛烷

13.烯烃最典型的化学反应是（　　）。
A.燃烧反应　　B.取代反应　　C.加聚反应　　D.加成反应

14.室温下，下列物质分别与硝酸银的氨溶液作用能产生白色沉淀的是（　　）。
A.乙烯基乙炔　　B.3-己炔　　C.乙烯　　D.2-丁炔

15. 相同质量的下列各烃，完全燃烧后生成CO_2最多的是（ ）。
    A. 甲烷　　　　　B. 乙烷　　　　　C. 乙烯　　　　　D. 乙炔
16. 在一定条件下既能起加成反应又能起取代反应，但不能使高锰酸钾酸性溶液褪色的物质是（ ）。
    A. 乙烷　　　　　B. 苯　　　　　　C. 乙烯　　　　　D. 乙炔
17. 甲苯与苯相比较，下列叙述中不正确的是（ ）。
    A. 常温下都是液体　　　　　　　B. 都能在空气中燃烧
    C. 都能使高锰酸钾酸性溶液褪色　D. 都能发生取代反应
18. 氯仿的结构简式是（ ）。
    A. CH_3CH_2Cl　　B. CH_3Cl　　C. CCl_4　　D. $CHCl_3$

三、判断题
1. 甲烷和氯气混合时，在漫射光照射或加热条件下都能发生氯代反应。（ ）
2. 甲烷在空气中的浓度达到5.3%～14%（体积分数），遇到火花就会发生爆炸。（ ）
3. 1-戊烯与2-戊烯互为同系物。（ ）
4. 石油是一种混合物，它的主要成分是烯烃。（ ）
5. 石油分馏的目的是将石油分离为各种沸点范围不同的油品。（ ）
6. 化学式符合C_nH_{2n}的烃类化合物一定是烯烃。（ ）
7. 纯净的乙炔是无色无味的气体。（ ）
8. 乙炔在$HgSO_4$和稀H_2SO_4存在下与水反应主要产物是乙醇。（ ）
9. 通过煤的干馏可以获得苯、甲苯、二甲苯等芳香族化合物。（ ）
10. 在铁的催化作用下，苯与液溴反应，颜色逐渐变浅直至无色，该反应属于加成反应。（ ）

四、写出下列反应的化学方程式并指出反应类型
1. 甲烷和溴反应
2. 乙烯和水反应
3. 乙炔和氢气反应
4. 乙炔和氯化氢反应
5. 苯和浓硝酸、浓硫酸反应

五、写出下列烃可能有的构造式
1. 某烃的化学式为C_5H_{10}，能使溴水和酸性高锰酸钾溶液褪色。
2. 某烃的化学式为C_8H_{10}，能使酸性高锰酸钾溶液褪色。

项目九　烃的衍生物

学习指南

- 1.酰化反应的原理
- 2.制备方法
- 3.重结晶操作技术

制备阿司匹林

- 1.乙酸、乙酸乙酯的结构
- 2.乙酸、乙酸乙酯的性质
- 3.乙酸的工业制法和用途
- 4.重要的羧酸

认识乙酸、乙酸乙酯

认识氯乙烷
- 1.氯乙烷的结构
- 2.氯乙烷的性质
- 3.氯乙烷的用途

认识乙醇和苯酚
- 1.乙醇、苯酚的结构
- 2.乙醇、苯酚的性质
- 3.乙醇的制法和用途
- 4.重要的醇

认识醛、酮
- 1.乙醛
- 2.丙酮
- 3.重要的醛

烃的衍生物

乙醇　　乙酸

　　烃分子中的氢原子被其他原子或原子团取代的有机物叫做烃的衍生物。烃的衍生物与相应的烃有不同的化学特性，这是因为取代氢原子的原子或原子团对于烃的衍生物的性质起着重要作用。这种决定化合物的化学特性的原子或原子团叫做官能团。

化学基础

任务一 认识氯乙烷

知识与能力

> - 了解氯乙烷的结构、性质和用途。
> - 掌握消去反应。
> - 知道卤代烃的分类和命名。

绿茵场上,医生向受伤运动员喷洒一种雾状物质后,运动员又生龙活虎回到场内继续比赛。你知道那是什么物质吗?

1. 氯乙烷的结构

氯乙烷的化学式:C_2H_5Cl

构造简式为CH_3CH_2Cl或C_2H_5Cl

氯乙烷的结构如下:

氯乙烷的比例模型　　　氯乙烷的构造式　　　氯乙烷球棍模型

2. 氯乙烷的物理性质

常温常压下,氯乙烷为无色的气体,难溶于水,易溶于醇、醚等有机溶剂,密度($0.898g·mL^{-1}$)比水小,熔点$-139℃$,沸点$12℃$。具有令人不愉快的气味,其蒸气有毒,避免吸入。

3. 氯乙烷的化学性质

氯乙烷分子是由乙基($-C_2H_5$)和官能团氯原子($-Cl$)组成的,氯原子比较活泼,它决定着氯乙烷的主要性质。

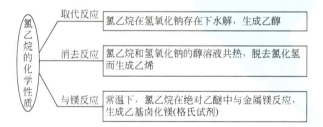

归纳小结氯乙烷具有哪些化学性质,并用化学方程式表示。

4. 重要的卤代烃

烃分子中的氢原子被卤素原子取代后的产物称为卤代烃。分子里只含有一个卤原子的卤代烃,叫做一卤代烃。饱和一卤代烃的通式是$C_nH_{2n+1}X$。

重要的卤代烃	三氯甲烷 CHCl₃	三氯甲烷俗称氯仿，是一种无色味甜的液体，沸点61.2℃，不溶于水，易溶于醇、醚等有机溶剂。也能溶解脂肪、蜡、有机玻璃和橡胶等多种有机物，是一种不燃性的优良溶剂
	二氟二氯甲烷 CCl₂F₂	二氟二氯甲烷是无色无臭气体，沸点-29.8℃，易压缩成液体，解除压力后立即汽化，同时吸收大量的热。二氟二氯甲烷是目前仍在使用的制冷剂，其商品名为"氟里昂"
	氯乙烯 CH₂═CHCl	氯乙烯是无色气体，沸点-13.4℃，难溶于水，易溶于乙醇、乙醚和丙酮。氯乙烯的性质不活泼，不易发生取代反应，较易发生加成反应和聚合反应，能聚合生成白色粉状的固体高聚物(聚氯乙烯)，即PVC

实验活动

柠檬、橙子和柑橘等水果的新鲜果皮中含有一种香精油，叫做柠檬油，为黄色液体，具有浓郁的柠檬香气，常用作食品、化妆品和洗涤用品的香料添加剂，由于其极易挥发，可通过水蒸气进行提取，制作方法如下：

（1）将25g新鲜橙皮剪切成碎片后，放入250mL三口烧瓶中。
（2）加入125mL水，安装水蒸气蒸馏装置。
（3）加热进行水蒸气蒸馏，控制馏出速度为每秒2～3滴。
（4）收集馏出液约50mL时，停止蒸馏。
（5）待其冷却后注入分液漏斗中，静置分离，将得到的橙油与纯酒精混合（1∶1～1.5∶1），即制得了橙油精。

任务二　认识乙醇及苯酚

知识与能力

> 了解乙醇、苯酚的结构、性质和用途。
> 认识酚类物质，了解苯环和羟基的相互影响；掌握氧化反应和脱水反应。
> 能配制医用酒精；能够识别酚和醇。

 乙醇的俗名是什么？我们日常生活中接触过的含有乙醇的物质有哪些？你能说出乙醇有哪些物理性质吗？

1. 乙醇

（1）乙醇的结构

乙醇的化学式：C_2H_6O

构造简式为CH_3CH_2OH或C_2H_5OH

乙醇的结构如下：

乙醇球棍模型

乙醇的构造式

乙醇比例模型

（2）乙醇的物理性质

乙醇是没有颜色、透明而具有特殊香味的液体，密度比水小。25℃时的密度是 $0.7893g \cdot mL^{-1}$，沸点为78.5℃，乙醇易挥发，能够溶解多种无机物和有机物，能跟水以任意比互溶。

酒中乙醇的体积分数，称为酒的度数，1°表示100mL酒中含有1mL乙醇。

如何分离水和乙醇？工业上如何制取无水乙醇？

（3）乙醇的化学性质

乙醇分子是由乙基（—C_2H_5）和官能团羟基（—OH）组成的，羟基比较活泼，它决定着乙醇的主要性质。

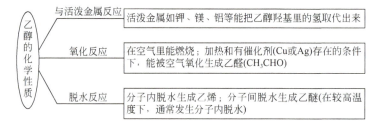

乙醇的化学性质	与活泼金属反应	活泼金属如钾、镁、铝等能把乙醇羟基里的氢取代出来
	氧化反应	在空气里能燃烧；加热和有催化剂(Cu或Ag)存在的条件下，能被空气氧化生成乙醛(CH_3CHO)
	脱水反应	分子内脱水生成乙烯；分子间脱水生成乙醚(在较高温度下，通常发生分子内脱水)

实验活动

（1）在一支大试管里注入4mL左右无水乙醇，再放入一小块新切开的用滤纸擦干的金属钠。

（2）在一支大试管里注入4mL左右水，再放入一小块新切开用滤纸擦干的金属钠。

比较两个实验现象＿＿＿＿＿＿＿＿＿＿＿＿＿＿＿＿＿＿＿＿＿＿＿＿＿

试写出反应的化学方程式＿＿＿＿＿＿＿＿＿＿＿＿＿＿＿＿＿＿＿＿＿

（3）在一支试管中加入3mL乙醇。将一根铜丝绕成螺旋状，把铜丝在酒精灯上加热至红热后迅速插入试管里的乙醇溶液中，反复多次后，闻液体气味。

实验现象＿＿＿＿＿＿＿＿＿＿＿＿＿＿＿＿＿＿＿＿＿＿＿＿＿＿＿

试写出反应的化学方程式＿＿＿＿＿＿＿＿＿＿＿＿＿＿＿＿＿＿＿＿

归纳小结乙醇具有哪些化学性质，并用化学方程式表示。

严禁酒后驾车

知识窗

用酒精分析器吸收驾驶员呼出的气体，可以测定驾驶员体内的酒精含量。酒精分析器内装有经过酸化处理过的黄色的氧化剂三氧化铬（CrO_3）硅胶，酒精遇到三氧化铬就会被氧化成乙醛，同时黄色的三氧化铬被还原成蓝绿色的硫酸铬，通过颜色的变化就可判断驾驶员是否饮过酒。该反应的化学方程式为：

$$2CrO_3+3C_2H_5OH+3H_2SO_4 \longrightarrow Cr_2(SO_4)_3+3CH_3CHO+6H_2O$$

（4）乙醇的制法

① 发酵法　发酵法是制取乙醇的一种重要方法，所用原料是含糖类很丰富的各种农产品，如高粱、玉米、薯类以及多种野生的果实等，也常利用废糖蜜。这些物质经过发酵，再进行蒸馏，可以得到95%（质量分数）的乙醇。

② 乙烯水化法　以石油裂解产生的乙烯为原料，在加热、加压和有催化剂（硫酸或磷酸）存在的条件下，使乙烯与水反应，生成乙醇。这种方法叫做乙烯水化法。用乙烯水化法生产乙醇，成本低，产量大，能节约大量粮食，所以随着石油化工的发展，这种方法发展很快。

$$CH_2=CH_2+H_2O \xrightarrow[\text{加热加压}]{\text{催化剂}} CH_3CH_2OH$$

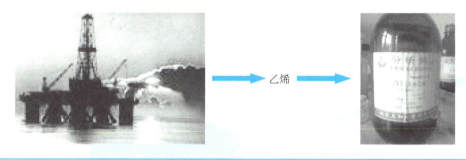

实验活动

由于液体酒精携带不便，易流出容器造成危险，我们可以将酒精制成豆腐一样的块状固体，然后将其储存在铁罐中，使用时将固体酒精用火柴直接点燃。固体酒精较液体酒精安全且携带方便，制作方法如下：

（1）在装有回流冷凝管的250mL的圆底烧瓶中加入9.0g硬脂酸、50mL酒精和数粒沸石，摇匀。

（2）将圆底烧瓶置于水浴上加热至60～70℃，并保温至固体溶解为止。

（3）将3.0g氢氧化钠和23.5g水加入250mL烧杯中，搅拌溶解后再加入25mL酒精，搅匀。

（4）将液体从冷凝管上端加进有硬脂酸、石蜡和酒精的圆底烧瓶中，在水浴上加热回流15min。

（5）反应完全后，移去水浴，待物料稍冷停止回流，趁热倒进模具，冷却后密封即得到成品。

（5）重要的醇

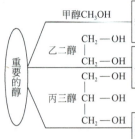

甲醇CH₃OH	甲醇最初由木材干馏(隔绝空气加强热)得到，所以又俗称木精。甲醇的毒性很强，甲醇可经呼吸道、胃肠道和皮肤吸收。工业酒精中往往含有甲醇
乙二醇 CH₂—OH / CH₂—OH	乙二醇水溶液凝固点很低，体积分数为60%的乙二醇水溶液的凝固点可达-49℃，可用作内燃机的抗冻剂以除去飞机、汽车上的冰霜。在工业上乙二醇用来制造涤纶
丙三醇 CH₂—OH / CH—OH / CH₂—OH	丙三醇吸湿性强，能吸收空气的水分，所以常用作化妆品、皮革、烟草、食品等的吸湿剂。丙三醇还有护肤作用，俗称甘油

分子里只含有一个羟基的醇，叫做一元醇。饱和一元醇的通式是$C_nH_{2n+1}OH$，简写为R—OH。如甲醇、乙醇等，它们都是重要的化工原料，同时，它们还可用作车用燃料，是一类新的可再生能源。分子里含有两个或两个以上羟基的醇，分别叫做二元醇和多元醇。

写出甲醇在浓硫酸作用下进行分子间脱水的反应方程式。

乙醚

知识窗

凡是两个烃基通过一个氧原子连接起来的化合物叫做醚。醚的通式是R—O—R′，R和R′都是烃基，可以相同，也可以不同。乙醚是醚类中最重要的一种，它是通过乙醇分子间脱水形成的。乙醚的化学式为$C_4H_{10}O$，其构造式为：$CH_3CH_2—O—CH_2CH_3$。

乙醚是一种无色易挥发的液体，沸点是34.51℃，有特殊的气味。吸入一定量的乙醚蒸气，会引起全身麻醉，所以纯乙醚可用作外科手术时的麻醉剂。

乙醚微溶于水，易溶于有机溶剂，它本身是一种优良溶剂，能溶解许多有机物。乙醚蒸气很容易着火，爆炸极限为1.85%～36.5%（体积分数），其蒸气比空气重，空气中如果混有一定比的乙醚蒸气，遇火就会发生爆炸，所以使用乙醚时要特别小心。

2. 苯酚

烃基和羟基直接相连的化合物叫做醇，那么羟基和苯环直接相连的化合物也属于醇吗？

羟基（—OH）与苯环直接相连的有机化合物称为酚。其结构通式用Ar—OH表示，官能团（—OH）称酚羟基。苯分子里只有一个氢原子被羟基取代的生成物是最简单的酚，叫做苯酚。

（1）苯酚的结构

苯酚的化学式为C_6H_6O，它的结构式为 ⌬-OH，可简写为C_6H_5OH。

苯酚的分子模型如下：

苯酚球棍模型　　　苯酚比例模型

（2）苯酚的物理性质

苯酚存在于煤焦油中，俗名石炭酸，纯净的苯酚是一种有特殊气味的无色晶体，暴露在空气中会因部分被氧化而呈粉红色，熔点为43℃。常温下苯酚在水中的溶解度不大，会与水形成浊液；当温度高于70℃时，苯酚能与水以任意比互溶。苯酚易溶于酒精、苯等有机溶剂。苯酚具有腐蚀性和一定的毒性，苯酚的浓溶液对皮肤有强烈的腐蚀作用。

如不慎将苯酚沾到皮肤上，该如何清洗？

（3）苯酚的化学性质

酚和醇的官能团都是羟基，由于酚羟基与苯环的相互影响，使苯酚表现出一些不同于醇，也不同于芳香烃的性质。

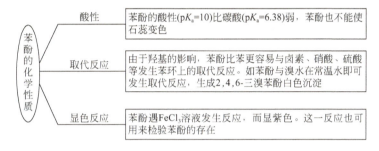

苯酚的化学性质
- 酸性：苯酚的酸性(pK_a=10)比碳酸(pK_a=6.38)弱，苯酚也不能使石蕊变色
- 取代反应：由于羟基的影响，苯酚比苯更容易与卤素、硝酸、硫酸等发生苯环上的取代反应。如苯酚与溴水在常温水即可发生取代反应，生成2,4,6-三溴苯酚白色沉淀
- 显色反应：苯酚遇$FeCl_3$溶液发生反应，而显紫色。这一反应也可用来检验苯酚的存在

2,4,6-三溴苯酚的溶解度很小，十万分之一的苯酚溶液与溴水作用也能生成2,4,6-三溴苯酚沉淀，因而这个反应可用作酚的定性检验和定量测定。

实验活动

（1）向一个盛有少量苯酚晶体的试管中加入2mL蒸馏水，振荡并观察现象_____。

（2）向上述试管中再逐滴加入5%的NaOH溶液，振荡，观察试管中溶液的变化。现象_____。

（3）向上述实验所得澄清溶液中通CO_2气体，观察溶液的变化。

现象_____。

（4）向盛有少量苯酚稀溶液的试管里加入过量浓溴水，

观察现象_____。

（5）取1支试管，加入苯酚溶液，滴入几滴$FeCl_3$溶液，振荡，观察现象_____。

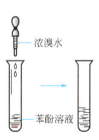

浓溴水

苯酚溶液

（1）根据上述实验现象，分别说明苯酚具有哪些性质？

（2）写出实验活动（2）～（4）中的化学方程式。

化学基础

知识窗 苯酚的用途

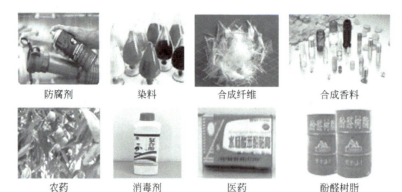

防腐剂　染料　合成纤维　合成香料
农药　消毒剂　医药　酚醛树脂

（1）比较苯酚、乙醇、苯性质的异同点。
（2）苯酚和苯的混合物应如何分离和提纯？怎样除去苯中混有的少量苯酚？

知识窗 硝基苯

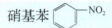

硝基苯的化学式为 $C_6H_5NO_2$。硝基苯俗称人造苦杏仁油，有像杏仁油的特殊气味。纯净的硝基苯是无色油状液体，工业品常因含杂质而显淡黄色，它的熔点为5.7℃，沸点210.8℃，相对密度1.2037(20/4℃)。蒸气密度4.25g/L。难溶于水，易溶于乙醇、乙醚和苯。遇明火、高热会燃烧、爆炸。与硝酸反应剧烈。硝基苯毒性较强，是一种剧毒有机物，吸入大量蒸气或皮肤大量沾染，可引起急性中毒，使血红蛋白氧化或配位，血液变成深棕褐色，并引起头痛、恶心、呕吐等。硝基是强钝化基，硝基苯须在较强的条件下才发生取代反应，生成间位产物。

$$\underset{}{\bigcirc\!\!-\!\!NO_2} + HNO_3(发烟) \xrightarrow[85\sim100℃]{浓H_2SO_4} \underset{}{\bigcirc\!\!-\!\!NO_2}\!\!-\!\!NO_2 + H_2O$$

硝基苯用作溶剂和温和的氧化剂，是工业上制备苯胺和苯胺衍生物（如扑热息痛）的重要原料，同时也被广泛用于橡胶、杀虫剂、染料以及药物的生产。硝基苯也被用于涂料溶剂、皮革上光剂、地板抛光剂等，在这里硝基苯主要用于掩蔽这些材料本身的异味。

任务三　认识乙醛及丙酮

知识与能力

- 了解乙醛、丙酮的组成、结构、性质和用途。
- 认识乙醛的分子结构特征，掌握乙醛的氧化反应和还原反应。
- 能综合应用化学知识解释一些简单问题。如工业用葡萄糖（含醛基）代替乙醛制镜。

我们知道,乙醇在加热和有催化剂(Cu或Ag)存在的条件下,能够被空气氧化,生成乙醛。那么乙醛具有哪些性质呢?

1. 乙醛

(1) 乙醛的结构

乙醛的化学式:C_2H_4O

乙醛的构造如下:

乙醛球棍模型

乙醛比例模型

乙醛构造式

官能团醛基也称为甲酰基

(2) 乙醛的物理性质

乙醛是无色、有刺激性气味的液体,密度比水小,沸点是20.8℃,易挥发,易燃烧,能和水、乙醇、乙醚、氯仿等互溶。

(3) 乙醛的化学性质

我们知道,化学反应是旧键的断裂和新键的形成。你能从乙醛的结构来推测乙醛可能的化学键断裂方式,从而知道可能发生哪些化学反应吗?

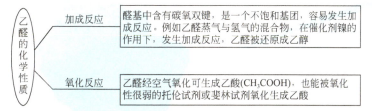

在有机化学的反应里,常把加氧或去氢的反应叫做氧化反应,反之,把加氢或去氧的反应叫做还原反应。乙醛具有还原性,能被很弱的氧化剂氧化。

根据乙醛的性质,写出乙醛和氢气加成生成乙醇以及和氧气催化氧化生成乙酸的化学方程式。

托伦试剂[银氨溶液$Ag(NH_3)_2OH$]与醛共热时,醛被氧化成羧酸,在碱性介质中生成羧酸盐,如试管洁净,析出的银附着在试管壁上,形成光亮的银镜,所以,上述反应又叫银镜反应。银镜反应常用来检验醛基的存在。工业上利用这一反应原理,常用含有醛基的葡萄糖作还原剂,把银均匀地镀在玻璃上制镜或保温瓶胆。

斐林试剂(新制的氢氧化铜悬浊液)与醛共热时,醛被氧化成羧酸,同时本身被还原成砖红色的Cu_2O沉淀。这个反应叫斐林反应。

实验活动

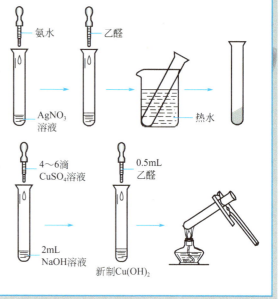

（1）取一支洁净的试管，加入1mL 2%的$AgNO_3$溶液，一边振荡试管，一边逐滴滴入2%的稀氨水，至沉淀恰好消失，这时得到的溶液叫做银氨溶液。然后再滴入几滴乙醛，振荡，把试管置于热水中温热。

实验现象_____

（2）取一支试管，加入2mL 10% NaOH溶液，滴入4～6滴2% $CuSO_4$溶液，振荡后加入0.5mL乙醛溶液，加热至沸。

实验现象_____

根据乙醛的性质及上述实验现象，你能推测反应的产物吗？试写出上述反应的化学方程式。

（4）乙醛的工业制法

① 乙炔水化法

$$CH\equiv CH + H_2O \xrightarrow[95\sim 105℃]{HgSO_4,\ H_2SO_4} CH_3CHO$$

特点：产品的纯度较高，但生产中易发生中毒，生产中耗电量大。

② 乙烯氧化法

$$2CH_2=CH_2 + O_2 \xrightarrow[100℃]{PdCl_2\text{-}CuCl_2} 2CH_3CHO$$

特点：生产流程简单，原料丰富，成本低，产率高。

随着我国石油化工的迅速发展，我国乙烯年产量已居世界前列。乙烯氧化法现已被广泛采用。

由于醛基很活泼，可以发生很多反应，因此，乙醛在有机合成中占有重要的地位。乙醛主要用来生产乙酸、丁醇、乙酸乙酯等一系列重要化工产品。

（5）重要的醛——甲醛

甲醛（CH_2O）又名蚁醛，是一种无色具有强烈刺激性气味的气体，易溶于水、醇和醚。甲醛的水溶液（又称福尔马林）具有杀菌、防腐性能。沸点-19.5℃，蒸气与空气能形成爆炸性混合物，爆炸极限7.0%～73.0%（体积分数）。

根据醛的结构特征，写出甲醛的构造式，并写出甲醛发生银镜反应和斐林反应的化学方程式。

分子里由烃基跟醛基相连而构成的化合物叫做醛。醛的通式是RCHO，饱和一元醛的通式是$C_nH_{2n}O$。醛的通性是能被还原成醇，被氧化成羧酸。

知识窗

甲醛

质量分数为35%～40%的甲醛水溶液称为"福尔马林"，常用作杀菌剂和生物标本的防腐剂。甲醛有毒，胶合板、棉纤维布料中常含有甲醛，甲醛可导致人体嗅觉功能异常、肝脏功能异常和免疫功能异常等。甲醛已经被世界卫生组织确定为可疑致癌和致畸物质。在使用甲醛或与甲醛有关的物质时要注意安全及环境保护。甲醛是一种重要的有机原料，应用于塑料工业（如制酚醛树脂）、合成纤维工业、制革工业。

实验活动

香波是洗发护发的美发用品，它不仅能使头发蓬松、发亮，富有弹性，而且既不损害皮肤，又能去屑减脂，如加入适当的药物，还能促进头皮的新陈代谢，以及治疗头癣症等。制作方法如下：

（1）在200mL烧杯中，加入3g硬脂酸和23mL蒸馏水，将烧杯置于水浴中加热，使硬脂酸熔化，并保持溶液温度约90℃。

（2）在另一烧杯中，加入5mL 8%氢氧化钾溶液、20g月桂醇硫酸钠和30mL蒸馏水，混匀后也置于水浴中加热至90℃。

（3）在不断搅拌下，将碱性溶液缓慢加入到硬脂酸溶液中。此间应随时加热碱性溶液，以保证反应溶液温度维持在90℃左右。

（4）然后边搅拌边依次加入5g月桂酰二乙醇胺、2g羊毛脂和12g碳酸氢钠。

（5）当反应物为白色稠糊状时，停止加热。待自然冷却至40℃以下时再加入0.3g香精、0.05g对羟基苯甲酸乙酯和少量颜料，搅拌均匀即为成品，移入合适容器中保存并使用。

2. 丙酮

交流与讨论

女生用的指甲油干掉不能用了，加点丙酮就可以用了，你知道这是为什么吗？

酮与醛一样，都是分子中含有羰基的烃的衍生物，其构造通式为：$\overset{O}{\underset{R-C-R'}{\|}}$

其中R和R′可以相同也可以不同。相同碳原子数的醛和酮互为同分异构体，当R和R′相同且都为甲基（—CH_3）时，就是最简单的酮——丙酮。

（1）丙酮的结构

丙酮的化学式为C_3H_6O，可简写为：CH_3COCH_3，丙酮的结构如下：

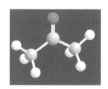  $CH_3-\overset{O}{\underset{\|}{C}}-CH_3$

丙酮球棍模型　　　丙酮分子的比例模型　　　丙酮的构造式

（2）丙酮的物理性质

丙酮是无色具有香味的液体，沸点56.2℃，易挥发，易溶于水和有机溶剂，易燃烧，蒸气与空气能形成爆炸性的混合物。爆炸极限2.5％～13.0％（体积分数）。

丙酮存在于自然界中，在植物界主要存在于精油中，如茶油、松脂精油、柑橘精油等；人尿和血液及动物尿、海洋动物的组织和体液中都含有少量的丙酮。

（3）丙酮的化学性质

由于醛、酮结构上的共同点，使它们的化学性质有许多相似之处，又由于醛、酮结构上的相异处，使它们的化学性质有一定程度的差异。醛化学性质比酮活泼，有些醛能进行的反应，酮却不能进行，如丙酮不能发生银镜反应。由于存在羰基，丙酮可以在催化剂作用下与氢气发生加成反应。

$$CH_3-\overset{O}{\underset{\|}{C}}-CH_3 + H_2 \xrightarrow[\Delta]{Ni} CH_3\overset{OH}{\underset{|}{C}H}CH_3$$

（4）丙酮的用途

丙酮作为一种优良的溶剂，广泛用于油漆、电影胶片、化学纤维等生产中，最常见的用途是用作卸除指甲油的去光水，以及油漆的稀释剂；它又是重要的有机合成原料，应用于医药、油漆、塑料、火药、树脂、橡胶、照相软片等行业，用来制备有机玻璃、环氧树脂等。生活中可将其用作某些家庭生活用品（如液体蚊香）的分散剂，化妆品中的指甲油含丙酮达35%。

醛和酮分子中都含有羰基（>C=O），所以叫做羰基化合物。羰基很活泼。可以发生许多化学反应，所以羰基化合物不仅是化学和有机合成中十分重要的物质，而且也是动植物代谢过程中重要的中间体。

知识窗 —— 医院如何检验病人患有糖尿病？

患糖尿病的人，由于新陈代谢紊乱的缘故，体内常有过量丙酮产生，从尿中排出。尿中是否含有丙酮可用碘仿反应检验。在临床上用亚硝酰铁氰化钠［$Na_2Fe(CN)_5NO$］溶液的呈色反应来检查：在尿液中滴加亚硝酰铁氰化钠和氨水溶液，如果有丙酮存在，溶液就呈现鲜红色。

任务四　认识乙酸及乙酸乙酯

知识与能力

> 了解乙酸、乙酸乙酯的组成、结构、性质和用途。
> 认识一些重要的羧酸、酯，理解酯化反应的概念。
> 能解释醋酸除水垢、酒越陈越香的原理，解决生活中碰到的有关问题。

1. 乙酸

 食醋的主要成分是什么？它有哪些性质？

乙酸又名醋酸，它是食醋的主要成分，普通食醋中乙酸的质量分数为3%～5%，是日常生活中经常接触的一种有机酸。

（1）乙酸的结构

乙酸的化学式为$C_2H_4O_2$，构造简式为CH_3COOH，乙酸的结构如下：

乙酸球棍模型　　乙酸比例模型　　乙酸构造式

乙酸分子结构中的 $-\overset{\overset{O}{\|}}{C}-OH$（或—COOH）叫做羧基，是羧酸的官能团。

（2）乙酸的物理性质

乙酸易溶于水、乙醇等许多有机溶剂。易挥发，是一种具有强烈刺激性气味的无色液体。纯乙酸沸点117.9℃，熔点为16.6℃，若在16.6℃以下，纯乙酸会结晶，状态像冰样的固体，所以纯乙酸又称冰醋酸。

（3）乙酸的化学性质

实验活动

（1）向盛有少量乙酸的试管里，滴加几滴紫色石蕊试液，观察现象_____。

（2）向盛有少量Na_2CO_3粉末的试管里，加入3mL乙酸溶液，观察现象_____。

（3）在1支试管里加入3mL乙醇，然后边摇动试管边慢慢滴加2mL的浓硫酸和2mL冰醋酸。按图9-1所示连接装置，用酒精灯小心均匀地加热试管3～5min，产生的蒸气经导管通到饱和碳酸钠溶液的液面上。

观察现象_____

闻到的气味_____

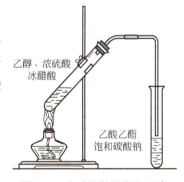

图9-1　生成乙酸乙酯的反应

（1）实验活动（1）、（2）说明乙酸具有什么性质？实验活动（3）说明乙酸能发生什么反应？

（2）写出乙酸与下列物质反应的化学方程式：
①$Cu(OH)_2$ ②CaO ③除水垢

（4）乙酸的工业制法
① 乙醛催化氧化法

$$2CH_3CHO + O_2 \xrightarrow[70\sim80℃,\ 0.2\sim0.3MPa]{(CH_3COO)_2Mn} 2CH_3COOH$$

② 甲醇低压羰基化法（孟山都法）

$$CH_3OH + CO \xrightarrow[\triangle]{Rh催化剂} CH_3COOH$$

③ 低碳烷或烯液相氧化法

$$2CH_3CH_2CH_2CH_3 + 5O_2 \xrightarrow[165℃,\ 2MPa]{(CH_3COO)_2Co} 4CH_3COOH + 2H_2O$$

（5）乙酸的用途

乙酸是重要的有机化工原料，可以合成许多有机物，如醋酸纤维、维尼纶、喷漆溶剂、香料、染料、药物以及农药等。食醋是重要的调味品，它可以帮助消化，同时又常用作"流感消毒剂"。醋在日常生活中有许多妙用。

为何在醋中加少许白酒，醋的味道就会变得芳香且不易变质？厨师烧鱼时常加醋并加点酒，这样鱼的味道就变得无腥、香醇、特别鲜美。为什么？

（6）重要的羧酸

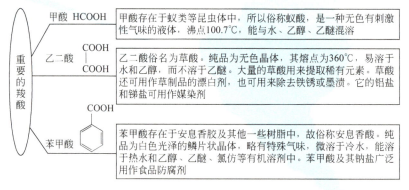

试写出甲酸、乙二酸、苯甲酸的构造式，并说出甲酸具有哪些化学性质。

> 在有机化合物里，有一大类化合物，它们跟乙酸相似，分子里都含有羧基。分子里烃基直接与羧基相连的化合物叫做羧酸。由于羧酸分子中都含有相同的官能团——羧基，它们的化学性质相似，如都有酸性，都能发生酯化反应等。

实验活动

雪花膏是护肤、美容的化妆品，因其外观洁白如雪，涂抹在皮肤上顿时消失不见、犹如雪花一样，因此称为雪花膏。通常制成水包油型乳状体，是一种非油腻性的护肤品。制作方法如下：

（1）将14g硬脂酸、1g单硬脂酸甘油酯、1g鲸蜡醇和1g白油加入到200mL烧杯中，用恒温水浴加热，使物料熔化，并将温度保持在90℃。

（2）在另一烧杯中加入0.5g氢氧化钾和75mL的蒸馏水，搅拌使其溶解，并将此溶液也加热到90℃。

（3）在不断搅拌下，将碱溶液缓慢加入到盛有硬脂酸等物料的烧杯中，此间应始终保持温度不变。

（4）碱溶液加完后，继续搅拌，直到完全乳化，生成乳白色糊状软膏。停止搅拌，继续加热10min。

（5）将烧杯从水浴中取出，自然降温。当温度降至50℃以下时，加入0.2g对羟基苯甲酸乙酯、0.5香精和6.5mL甘油，搅拌均匀，即为成品，可移入合适的容器中保存。

2. 乙酸乙酯

走进水果店，能闻到水果香味，这是因为水果中含有一种酯类化合物。乙酸乙酯是一种重要的酯类物质。

丁酸乙酯　　　　戊酸戊酯　　　　乙酸异戊酯　　　　蛇麻醇酯

（1）乙酸乙酯的结构

乙酸乙酯的化学式为$C_4H_8O_2$，构造简式为$CH_3COOCH_2CH_3$，乙酸乙酯的结构如下：

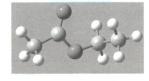 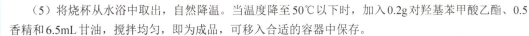

乙酸乙酯球棍模型　　　　　　　　乙酸乙酯构造式

乙酸乙酯分子结构中的 $-\overset{\overset{O}{\|}}{C}-O-R$（或—COOR）叫做酯基，是酯的官能团。

（2）乙酸乙酯的物理性质

乙酸乙酯是具有香味的无色透明油状液体，沸点77℃，难溶于水，易溶于乙醇、乙醚等有机溶剂，密度比水小。

（3）乙酸乙酯的化学性质——水解反应

化学基础

$$CH_3COOC_2H_5 + H_2O \underset{\triangle}{\overset{H_2SO_4}{\rightleftharpoons}} CH_3COOH + C_2H_5OH$$

$$CH_3COOC_2H_5 + NaOH \overset{\triangle}{\longrightarrow} CH_3COONa + C_2H_5OH$$

对比实验（把出现的现象填入表格）

实验内容	条件	实验现象
6滴乙酸乙酯＋5.5 mL蒸馏水	70～80℃水浴加热	
6滴乙酸乙酯＋0.5mL稀硫酸＋5.0mL蒸馏水	70～80℃水浴加热	
6滴乙酸乙酯＋0.5mLNaOH＋5mL蒸馏水	70～80℃水浴加热	

酯化反应和酯水解反应的比较

	酯化	水解
反应关系		
催化剂		
催化剂的其他作用		
加热方式		
反应类型		

（4）酯

① 酯的定义 酸与醇作用失水生成的化合物叫酯。羧酸酯的一般通式为：$R^1-\overset{\overset{O}{\|}}{C}-O-R^2$（其中$R^1$、$R^2$为饱和烃基）。饱和一元羧酸和饱和一元酯是同分异构体，通式为：$C_nH_{2n}O_2$。

② 酯的分类 根据酸的不同分为有机酸酯和无机酸酯；根据羧酸分子中酯基的数目，分为一元酸酯、二元酸酯（如乙二酸二乙酯）、多元酸酯（如油脂）。

③ 酯的命名 酯类化合物是根据生成酯的酸和醇的名称来命名的。例如，$CH_3COOC_2H_5$叫乙酸乙酯，$HCOOCH_3$叫甲酸甲酯。硝酸等无机酸也能够跟醇起反应，生成的也是酯，如：$C_2H_5ONO_2$叫硝酸乙酯。

结构简式	命名	结构简式	命名
$HCOOCH_3$		$\begin{array}{c}COOCH_2CH_3\\|\\COOCH_2CH_3\end{array}$	
CH_3COOCH_3		$\begin{array}{c}CH_3COOCH_2\\|\\CH_3COOCH_2\end{array}$	
$CH_3CH_2COOC_2H_5$			

单元三　有机化合物

阿司匹林

知识窗

阿司匹林为白色结晶或结晶性粉末；无臭或微带醋酸臭，味微酸；遇湿气即缓缓水解。本品在乙醇中易溶，在氯仿或乙醚中溶解，在水或无水乙醚中微溶；在氢氧化钠溶液或碳酸钠溶液中溶解，但同时分解。

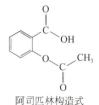
阿司匹林构造式

阿司匹林肠溶片

阿司匹林是现在世界上最常用的，也是历史最悠久的一种解热镇痛药，诞生于1899年3月6日。从古代的止痛药到麻风病药，经历了拿破仑的海战，到第二次世界大战间的欧洲，到现在的又一次新的各种预防性用途。它伴随了宇航员登月，且被记入吉尼斯世界纪录。西班牙哲学家加赛特（Jose O. Gasset）甚至把20世纪称作阿司匹林的世纪。早在1853年夏尔·弗雷德里克·热拉尔（Gerhardt）就用水杨酸与醋酐合成了乙酰水杨酸，但没能引起人们的重视；1898年德国化学家菲利克斯·霍夫曼又进行了合成，并为他父亲治疗风湿性关节炎，疗效极好；1899年由德莱塞介绍到临床，并取名为阿司匹林（Aspirin）。

到目前为止，阿司匹林已应用百年，成为医药史上三大经典药物之一，至今它仍是世界上应用最广泛的解热、镇痛和抗炎药，也是作为比较和评价其他药物的标准制剂。

任务五　制备阿司匹林

知能目标

> 熟悉酚羟基酰化反应的原理。
> 学会阿司匹林的制备方法。
> 掌握利用重结晶法精制固体产品的操作技术。

解析原理

本实验以浓硫酸为催化剂，使水杨酸与乙酸酐发生酰化反应，制取阿司匹林。水杨酸在酸性条件下受热可发生缩合反应，生成少量聚合物。阿司匹林与碳酸氢钠反应生成水溶性的钠盐，作为杂质的副产物则不能与碱作用，可在用碳酸氢钠溶液进行重结晶时分离除去。

仪器和药品

圆底烧瓶（100mL）、烧杯（100mL、200mL）、表面皿、球形冷凝管、水浴锅、温度计（100℃）、减压过滤装置、电炉与调压器、水杨酸、乙酸酐、浓硫酸、盐酸溶液（1∶2）、饱和碳酸氢钠溶液等。

173

化学基础

操作过程

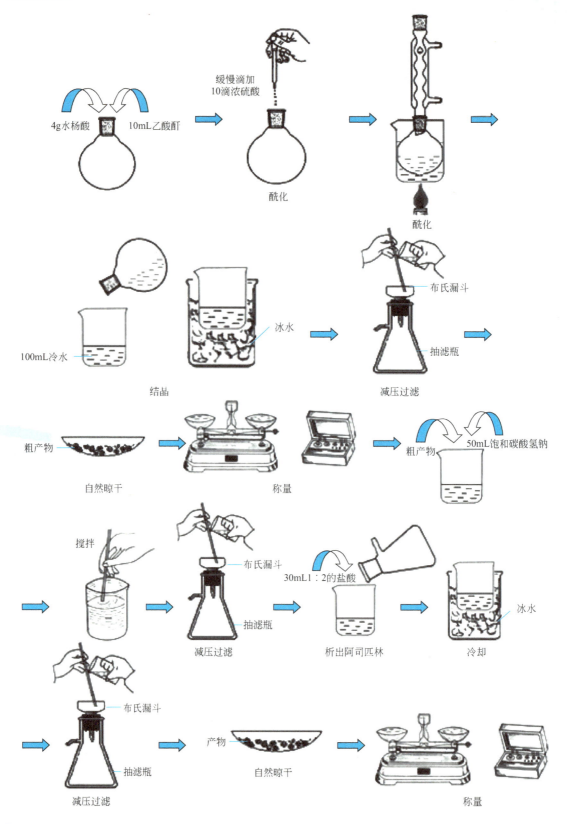

阅读材料

认识杂环化合物

在环状有机物中，构成环的原子除碳原子外，还有其他元素的原子如氧、硫、氮等。通常把除碳以外的成环原子称为杂原子，把含有杂原子的环状化合物称为杂环化合物。

1. 五元杂环化合物

含一个杂原子的典型五元杂环化合物是呋喃、噻吩和吡咯。

呋喃存在于松木焦油中，无色液体，沸点32℃，具有类似氯仿的气味。

噻吩与苯共存于煤焦油及页岩油中，粗苯中约含0.5%的噻吩。由于噻吩的沸点（84℃）和苯的沸点（80℃）相近，一般不用分馏法分离。

吡咯主要存在于骨焦油中，煤焦油中也少量存在。吡咯为无色油状液体，沸点131℃，有弱的苯胺气味。

2. 六元杂环化合物

六元杂环化合物中最重要的有吡啶、嘧啶和吡喃等。

吡啶　　嘧啶　　吡喃

吡啶是重要的有机碱试剂，嘧啶是组成核糖核酸的重要生物碱母体。

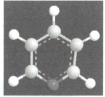 

吡啶球棒模型　　　　吡啶比例模型

吡啶存在于煤焦油页岩油和骨焦油中，吡啶衍生物广泛存在于自然界，例如，植物所含的生物碱不少都具有吡啶环结构，维生素PP、维生素B_6、辅酶Ⅰ及辅酶Ⅱ也含有吡啶环。

吡啶为有特殊臭味的无色液体，沸点115.5℃，相对密度0.982，可与水、乙醇、乙醚等任意混合。吡啶是重要的有机合成原料（如合成药物）、良好的有机溶剂和有机合成催化剂。吡啶的工业制法可由糠醇与氨共热（500℃）制得，也可从乙炔制备。

除作溶剂外，吡啶在工业上还可用作变性剂、助染剂，以及合成一系列产品（包括药品、消毒剂、染料、食品调味料、黏合剂、炸药等）的起始物。吡啶的许多衍生物是重要的药物，有些是维生素或酶的重要组成部分。吡啶的衍生物异烟肼是一种抗结核病药，2−甲基−5−乙烯基吡啶是合成橡胶的原料。

项目小结

1. 氯乙烷
   - 卤代烃的结构
   - 氯乙烷的性质

化学基础

> 2. 醇
> - 醇、酚的结构
> - 苯酚、乙醇的性质
> 3. 醛
> - 醛的结构
> - 重要醛的性质
> 4. 羧酸、乙酸乙酯
> - 羧酸及乙酸乙酯的结构
> - 重要羧酸及酯的性质

复习题

一、填空题

1. 在酯化反应中浓H_2SO_4主要起_____和_____作用。

2. 银镜反应实验的试管内壁上附着一层银，洗涤时，可选用的试剂是_____。

3. 用一种试剂鉴别下列各组物质，写出所用试剂的名称：

（1）甲酸和乙酸_____ （2）甲酸和乙醛_____

（3）乙醇、乙醛、乙酸_____ （4）苯、硝基苯、乙醇_____

4. 写出除去括号内杂质所需的试剂名称和分离操作的名称。

项目	苯（苯酚）	乙烷（乙烯）	乙醇（水）	乙酸乙酯（乙酸）
所加的试剂				
分离的操作				

二、选择题

1. 下列物质既能发生加成、酯化反应，又能发生部分氧化反应的是（   ）。

A. CH_3CH_2OH　　B. CH_3CHO　　C. CH_3COOH　　D. C_6H_5OH

2. 某有机物的最简式是CH_2O，则该有机物可能是（   ）。

A. 甲醛　　　　B. 乙醛　　　　C. 甲酸　　　　D. 乙酸

3. 下列与钠、苛性钠、纯碱均能反应的羧酸是（   ）。

A. 乙醇　　　　B. 苯酚　　　　C. 乙酸　　　　D. 乙醛

4. 下列不能和新制备的氢氧化铜反应的物质是（   ）。

A. 甲醇　　　　B. 甲醛　　　　C. 甲酸　　　　D. 甲酸甲酯

5. 下列各组物质中互为同系物的是（   ）。

A. 丙酮与丙醛　　　　　　　　B. 甲酸与乙酸

C. 乙酸与乙醚　　　　　　　　D. C_6H_5OH与$C_6H_5CH_2OH$

6. 物质的量相同的下列物质，完全燃烧时，消耗O_2的量最多的是（   ）。

A. 乙烷　　　　B. 乙醇　　　　C. 乙醛　　　　D. 乙酸

7. 若乙酸分子中的氧都是^{18}O，乙醇分子中的氧都是^{16}O，二者在浓H_2SO_4作用下发生反应，一段时间后，分子中含有^{18}O的物质有（   ）。

A.1 种   B.2 种   C.3 种   D.4 种

8.物质的量相同的下列物质，分别与足量的钠反应，产生氢气最多的是（　　）。

A. CH_3CH_2OH B. CH_3CHO C. $HOOCCOOH$ D. CH_3COOH

9.下列一种试剂可以将乙醇、乙醛、乙酸、甲酸四种无色液体鉴别的是（　　）。

A.银氨溶液   B.浓溴水   C. $FeCl_3$ 溶液   D.新制 $Cu(OH)_2$ 悬浊液

10.下列有关银镜反应的说法中正确的是（　　）。

A.向2%的稀氨水中滴入2%的硝酸银溶液制得银氨溶液

B.甲酸属于羧酸，不能发生银镜反应

C.银镜反应通常采用酒精灯加热

D.银镜反应后的试管一般采用稀硝酸洗涤

11.下列物质中，化学式不是 $C_3H_6O_2$ 的是（　　）。

A.丙酸   B.甲酸乙酯   C.乙酸甲酯   D.丙二醇

12.一种气态烃1mol最多能跟2mol氯气加成，生成1mol氯代烷。燃烧1mol这种气态烃，生成2mol二氧化碳，则该气态烃的化学式是（　　）。

A. C_2H_6 B. C_2H_4 C. C_2H_2 D. C_4H_6

13.某有机物加氢反应的还原产物是 $CH_3CH(CH_3)CH_2OH$，该有机物属于（　　）。

A.乙醇的同系物   B.丙酮同分异构体

C.丙醛的同分异构体   D.乙醛的同系物

14.下列物质不能发生银镜反应的是（　　）。

A.甲醛   B.乙醛   C.甲酸乙酯   D.丙酮

15.下列物质中酸性最强的是（　　）。

A.苯酚   B.碳酸   C.乙酸   D.甲酸

16.下列化合物，在水中溶解度最大的是（　　）。

A. $CH_3C \equiv CCH_2CH_3$ B. CH_3CH_2OH

C. $CH_3CH_2CH_2CH_2CHO$ D. $CH_3CH_2OCH_2CH_3$

17.关于乙酸的下列说法中不正确的是（　　）。

A.乙酸易溶于水和乙醇

B.无水乙酸又称冰醋酸，它是纯净物

C.乙酸是一种重要的有机酸，是有刺激性气味的液体

D.乙酸分子里有四个氢原子，所以不是一元酸

18.酯化反应属于（　　）。

A.中和反应   B.不可逆反应   C.离子反应   D.取代反应

19.下列物质中，纯净物是（　　）。

A.医用酒精   B.福尔马林   C.聚氯乙烯   D.石炭酸

三、判断题

1.乙醇分子中含有碳、氢元素，因此乙醇属于烃类化合物。（　　）

2.凡是含有羟基的化合物，都属于醇。（　　）

3.丙酮是含有羟基官能团的化合物，分子中碳原子和氧原子以单键相连。（　　）

4.乙醛催化加氢生成醇称为还原反应。（   ）

5.甲酸能发生银镜反应，乙酸则不能。（   ）

6.有机羧酸一般是弱酸，醋酸是有机羧酸，碳酸是无机酸，所以醋酸的酸性比碳酸弱。（   ）

7.乙酸分子中有4个氢原子，因此乙酸属于多元酸。（   ）

四、计算题

某有机物的蒸气密度为2.679g·L^{-1}（已折算成标准状况）。燃烧该物质，生成水和二氧化碳（标准状况），该有机物能跟碳酸钠溶液反应生成气体。试计算该有机物的化学式，并写出它的结构简式和名称。

项目十　其他有机化合物

学习指南

含糖物质

食用油

含蛋白质物质

高分子化合物

有机物的种类非常多，除了前面介绍过的有机物外，还有许多其他有机物，比如人们吃的粮食、水果，穿的衣服、鞋袜等，这些物质与人们的生活息息相关，你想了解它们吗？

糖类、油脂、蛋白质是生物体维持生命活动所需能量的主要来源，被人们称作三大基础营养物质。而塑料、橡胶、合成纤维三大合成高分子材料也与人们的生活密切联系。

化学基础

任务一　认识糖类

知识与能力

> - 了解糖的分类及其相应的知识。
> - 能处理有关饮食营养、卫生健康等日常生活问题。
> - 能合理饮食，预防肥胖。

想一想　哪些物质属于糖类？为什么我们嚼米饭时越嚼越甜？

糖类化合物由C、H、O三种元素组成，分子中H和O的比例通常为2∶1，与水分子中的比例一样，可用通式$C_m(H_2O)_n$表示。因此，曾把这类化合物称为碳水化合物。糖类在生命活动过程中起着重要的作用，是一切生物体维持生命活动所需能量的主要来源。

碳水化合物是为人体提供热能的三种主要的营养素中最廉价的营养素，是一切生物体维持生命活动所需能量的主要来源。

知识窗

| 提供膳食纤维 | 提供热能 | 维持大脑功能必需的能源 | 构成机体的重要物质 |

从化学构造上看，糖类化合物是多羟基醛、多羟基酮以及它们的缩合物。例如：葡萄糖是多羟基醛，分子构造简式为：$CH_2OH—CHOH—CHOH—CHOH—CHOH—CHO$。

糖类化合物可根据被水解的情况分为三类：单糖、二糖及多糖。

1. 单糖

不能水解成更简单的多羟基醛或多羟基酮的化合物叫单糖。单糖的通式是$C_m(H_2O)_n$。单糖都是无色晶体，味甜，有吸湿性。极易溶于水，难溶于乙醇，不溶于乙醚。单糖中最重要的是葡萄糖和果糖。

（1）葡萄糖

葡萄糖构造式

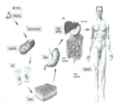

葡萄糖是淀粉、蔗糖、麦芽糖及乳糖的水解产物，葡萄糖在自然界中分布极广，尤以葡萄中含量较多，因此叫葡萄糖。存在于人血液中的葡萄糖叫做血糖。糖尿病患者的尿中含有葡萄糖，含糖量随病情的轻重而不同。

葡萄糖是无色晶体或白色结晶性粉末，熔点146℃，易溶于水，难溶于酒精，有甜味。

根据葡萄糖的结构，推出葡萄糖具有哪些化学性质？

实验活动

（1）在一支洁净的试管里配制2mL银氨溶液，加入1mL 10%的葡萄糖溶液，振荡，然后在水浴里加热3～5min，观察现象。

（2）在试管里加入2mL 10%NaOH溶液，滴加5%$CuSO_4$溶液5滴，再加入2mL 10%的葡萄糖溶液，加热，观察现象。

写出上述反应的化学方程式。

（2）果糖

果糖以游离状态存在于水果和蜂蜜中，是最甜的糖，在动物的前列腺和精液中也含有相当量的果糖。果糖为无色晶体，熔点为105℃，通常为黏稠性液体，易溶于水、乙醇和乙醚。果糖的化学式为$C_6H_{12}O_6$，是葡萄糖的同分异构体，其构造简式为：

$CH_2OH—CHOH—CHOH—CHOH—CO—CH_2OH$，是多羟基的酮，属于酮糖。

2. 二糖

甘蔗很甜，这其中的糖是什么糖呢？

二糖水解后能生成两分子单糖。二糖中最常见的是蔗糖、麦芽糖和棉籽糖。

（1）蔗糖

甘蔗

蔗糖在甜菜、甘蔗和水果中含量极高。平时食用的白糖、红糖都是蔗糖；蔗糖发酵形成的焦糖可以用作酱油的增色剂。蔗糖是白色晶体，易溶于水，较难溶于乙醇，甜味仅次于果糖。蔗糖的化学式是$C_{12}H_{22}O_{11}$。在酸性条件下能水解成葡萄糖和果糖：

$$C_{12}H_{22}O_{11} + H_2O \xrightarrow{\text{稀硫酸}} \underset{\text{葡萄糖}}{C_6H_{12}O_6} + \underset{\text{果糖}}{C_6H_{12}O_6}$$

（2）麦芽糖

麦芽糖

淀粉经麦芽或唾液酶作用可部分水解成麦芽糖。麦芽糖是白色晶体，易溶于水，熔点160～165℃，甜味约为蔗糖的1/3，饴糖就是麦芽糖的粗制品。麦芽糖与蔗糖是构造异构体。麦芽糖在酸等催化作用下，可以水解成葡萄糖：

$$\underset{\text{麦芽糖}}{C_{12}H_{22}O_{11}} + H_2O \xrightarrow{\text{酸或酶}} \underset{\text{葡萄糖}}{2C_6H_{12}O_6}$$

3. 多糖

米饭、土豆、水果、蔬菜等食物的成分是什么？

多糖是自然界中分布最广的一类天然高分子化合物。它们的每个分子是由多个单糖结合而成。多糖的性质与单糖、大多数低聚糖很不相同。多糖没有甜味，而且大多不溶于水，个别的只能与水形成胶体溶液。

淀粉和纤维素是自然界中最重要且常见的多糖，它们都是由多个葡萄糖分子脱水而形成的，其化学式为$(C_6H_{10}O_5)_n$，但淀粉和纤维素中葡萄糖分子间的结合方式以及它们所包含的单糖的数目不同，即n值不同。

（1）淀粉

各种淀粉

淀粉是植物营养物质的一种储存形式，也是植物性食物中重要的营养成分。淀粉是绿色植物光合作用的产物，大量存在于植物的种子、根和块茎中，其中谷类含淀粉较多。淀粉是葡萄糖的高聚体，通式是$(C_6H_{10}O_5)_n$。淀粉是天然有机高分子化合物，相对分子质量较大，从几万到几十万，一个淀粉分子中含有数百到数千个单糖单元。

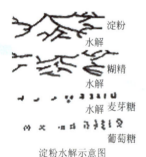

淀粉水解示意图

淀粉是无味、无臭的粉末状物质，完整的淀粉在冷水中是不溶解的，也不溶于一般的有机溶剂。淀粉用酸或酶处理均易水解，逐步水解成小分子，水解的最终产物是葡萄糖。天然淀粉是直链淀粉和支链淀粉的混合物，直链淀粉分子卷曲成螺旋状，螺旋孔径正好能容下碘分子，形成蓝色的配合物；而支链淀粉遇碘呈红紫色。

$$(C_6H_{10}O_6)_n \xrightarrow[\triangle]{H_2O,\ H^+} (C_6H_{10}O_5)_m \xrightarrow[\triangle]{H_2O,\ H^+} C_{12}H_{22}O_{11} \xrightarrow[\triangle]{H_2O,\ H^+} C_6H_{12}O_6$$

淀粉　　　　　　糊精　　　　　　麦芽糖　　　　　　葡萄糖

（2）纤维素

富含纤维素的食品

纤维素的结构示意图

纤维素是地球上最古老、最丰富的天然高分子，是取之不尽用之不竭的，人类最宝贵的天然可再生资源。纤维素是由葡萄糖组成的大分子多糖。不溶于水及一般有机溶剂。纤维素是自然界中分布最广、含量最多的一种多糖，占植物界碳含量的50%以上。棉花的纤维素含量接近100%，是天然的最纯纤维素来源。一般木材中，纤维素占40%～50%。纤维素虽然不能被人体吸收，但具有良好的清理肠道的作用，它是健康饮食不可或缺的一个组成部分，水果、蔬菜、小扁豆、蚕豆以及粗粮中的含量较高。食用高纤维的食物可以降低患肠癌、糖尿病和憩室疾病的可能性，而且也不易出现便秘现象。

> **膳食纤维**

知识窗

膳食纤维是一种不能被人体消化的碳水化合物，以是否溶解于水中可分为两个基本类型：水溶性纤维与非水溶性纤维。纤维素、半纤维素和木质素是3种常见的非水溶性纤维，存在于植物细胞壁中；而果胶和树胶等属于水溶性纤维，则存在于自然界的非纤维性物质中。常见的食物中大麦、豆类、胡萝卜、柑橘、亚麻、燕麦和燕麦糠等食物都含有丰富的水溶性纤维，水溶性纤维可减缓消化速度和最快速排泄胆固醇，有助于调节免疫系统功能，促进体内有毒重金属的排出。所以可让血液中的血糖和胆固醇控制在最理想的水准之上，还可以帮助糖尿病患者改善胰岛素水平和三酸甘油酯。

非水溶性纤维包括纤维素、木质素和一些半纤维以及来自食物中的小麦糠、玉米糠、芹菜、果皮和根茎蔬菜。非水溶性纤维可降低罹患肠癌的风险，同时可经由吸收食物中有毒物质预防便秘和憩室炎，并且减低消化道中细菌排出的毒素。大多数植物都含有水溶性与非水溶性纤维，所以饮食均衡摄取水溶性与非水溶性纤维才能获得不同的益处。

任务二　制备肥皂

知识与能力

> - 了解油脂的组成、结构、性质和用途。
> - 理解油脂的氢化及皂化反应等概念。
> - 能处理有关饮食营养、卫生健康等日常生活问题。能科学摄取油脂，预防高血脂。

 我们烧菜时用的食用油，它的化学成分是什么？

油脂是人类的主要食物之一，也是人类的主要营养物质之一，是热量最高的营养成分。油脂能溶解一些脂溶性维生素，进食一定量的油脂能促进人体对食物中维生素的吸收。油脂主要来源于菜籽油、花生油、豆油、棉籽油等天然植物油脂和动物油脂。习惯上把在常温下为液态的油脂称为油，植物油脂通常呈液态。固态的油脂称为脂肪，动物油脂通常呈固态。油脂是油和脂肪的总称。

含油脂的食物

1. 油脂的结构与组成

油脂是由多种高级脂肪酸[如硬脂酸（$C_{17}H_{35}COOH$）、软脂酸（$C_{15}H_{31}COOH$）和油酸（$C_{17}H_{33}COOH$）等]跟甘油[丙三醇，$C_3H_5(OH)_3$]生成的甘油酯。它们的结构可以表示如下：

$$\begin{array}{l} CH_2-O-\overset{O}{\overset{\|}{C}}-R^1 \\ CH-O-\overset{O}{\overset{\|}{C}}-R^2 \\ CH_2-O-\overset{O}{\overset{\|}{C}}-R^3 \end{array}$$

结构式里 R^1、R^2、R^3 代表饱和烃基或不饱和烃基。它们可以相同，也可以不相同。

2. 油脂的物理性质

油脂的密度比水小,为 0.9～0.95g·mL^{-1}。它的黏度比较大,触摸时有明显的油腻感。油脂不溶于水,易溶于有机溶剂。工业上用有机溶剂来提取植物种子中的油。

3. 油脂的化学性质

油脂是由多种高级脂肪酸甘油酯组成的混合物,而高级脂肪酸中既有饱和的,又有不饱和的,因此,许多油脂兼有烯烃和酯类的一些化学性质,可以发生加成反应和水解反应。

> 油脂由于分子中有不饱和双键,易发生氧化反应,故易变质。为了便于运输和储存,通常改变油脂的结构。

(1) 油脂的氢化

液态油在催化剂(Ni)存在并加热、加压的条件下,可以跟氢气起加成反应,提高油脂的饱和程度,生成固态油脂。

$$\begin{array}{l}CH_2-O-CO-C_{17}H_{33}\\ CH-O-CO-C_{17}H_{33}\\ CH_2-O-CO-C_{17}H_{33}\end{array} \xrightarrow[催化,加热,加压]{+3H_2} \begin{array}{l}CH_2-O-CO-C_{17}H_{35}\\ CH-O-CO-C_{17}H_{35}\\ CH_2-O-CO-C_{17}H_{35}\end{array}$$

油酸甘油酯(油)   硬脂酸甘油酯(脂肪)

这个反应叫做油脂的氢化,也叫油脂的硬化。工业上常利用油脂的氢化反应,把植物油转化成硬化油。硬化油饱和程度好,不易被空气氧化变质,便于保存和运输,还能用来制造肥皂、甘油、人造奶油等。

(2) 油脂的水解

在日常生活中为什么常用热的纯碱溶液洗涤沾有油脂的器皿?

与酯类的水解反应相同,在酸或碱或高温水蒸气存在的条件下,油脂能够发生水解反应,生成相应的高级脂肪酸(或盐)和甘油。

$$\begin{array}{l}CH_2-O-CO-C_{17}H_{35}\\ CH-O-CO-C_{17}H_{35}\\ CH_2-O-CO-C_{17}H_{35}\end{array} + 3NaOH \longrightarrow 3C_{17}H_{35}COONa + \begin{array}{l}CH_2-OH\\ CH-OH\\ CH_2-OH\end{array}$$

硬脂酸甘油酯   硬脂酸钠   甘油

油脂在碱性条件下的水解反应叫皂化反应。工业上就是利用皂化反应来制取肥皂的。肥皂的主要成分是高级脂肪酸钠。

根据上述反应,写出油脂在酸性条件下的水解反应方程式。

4. 油脂的用途

油脂在人体中的消化过程与水解有关。油脂在小肠里由于受酶的催化作用而发生水解，生成的高级脂肪酸和甘油作为人体的营养为肠壁所吸收，同时提供人体活动所需要的能量。1g 油脂在完全氧化时放热 39.3kJ，是糖类或蛋白质的 2 倍；正常情况下每人每天进食 50～60g 脂肪，能提供日需要总热量的 20%～25%；油脂还能溶解一些脂溶性维生素（如维生素 A、维生素 D、维生素 E、维生素 K），因此，进食一定量的油脂能促进人体对食物中含有的这些维生素的吸收。油脂除可食用外，还可用于肥皂生产和油漆制造等。

5. 制备肥皂

解析原理

动物脂肪的主要成分是高级脂肪酸甘油酯，将其与氢氧化钠溶液共热，就会发生碱性水解（皂化反应），生成高级脂肪酸钠（即肥皂）和甘油。在反应混合液中加入溶解度较大的无机盐，以降低水对有机酸盐（肥皂）的溶解作用，可使肥皂较为安全地从溶液中析出，这一过程叫做盐析。利用盐析的原理，可将肥皂和甘油较好地分离开。

仪器和药品

圆底烧瓶（250mL）、烧杯（400mL）、球形冷凝管、减压过滤装置、电热套、氢氧化钠溶液（40%）、饱和食盐水、乙醇（25%）、猪油等。

操作过程

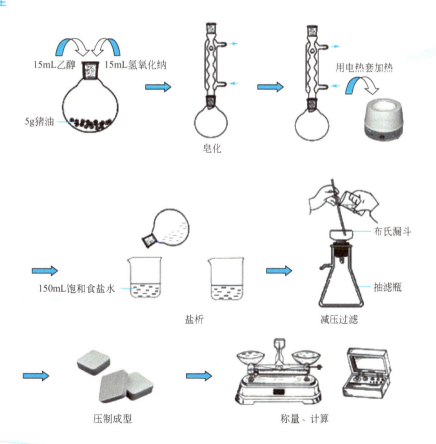

化学基础

温馨提示

> 实验中应使用新炼制的猪油。因为长期放置的猪油会部分变质。
> 皂化反应过程中,应始终保持小火加热,以防温度过高,泡沫溢出。
> 皂化液和准备添加的混合液中乙醇含量较高,易燃烧,应注意防火。

尿素

知识窗

碳酰胺俗称尿素或脲,最初是从尿中提取的,在结构上可把它看成是碳酸(HOCOOH)分子中的两个羟基被两个氨基(—NH₂)取代后的生成物 H₂NCONH₂,是碳酸的衍生物。构造式为:

$$H_2N-\overset{\overset{O}{\|}}{C}-NH_2$$

尿素呈无色或白色针状或棒状结晶体,工业或农业品为白色略带微红色固体颗粒,无臭无味。密度 1.335 g·mL⁻¹。熔点 132.7 ℃。溶于水、醇,不溶于乙醚、氯仿。它是动物蛋白质代谢后的产物,通常用作植物的氮肥。尿素在肝合成,是哺乳类动物排出的体内含氮代谢物。这代谢过程称为尿素循环。

90%以上生产的尿素被用作植物的氮肥,尿素在水中的可溶性非常高,因此非常适合被加在可溶的肥料中。尿素是一种高浓度氮肥,属中性速效肥料,也可用来生产多种复合肥料。尿素是纺织工业在染色和印刷时的重要辅助剂,能提高颜料可溶性,并使纺织品染色后保持一定的湿度。

任务三 认识蛋白质

知识与能力

> 了解蛋白质的组成、结构、性质和用途。
> 能概述蛋白质的功能,认识蛋白质是生命活动的主要承担者。
> 能鉴别虚假和夸大广告,树立科学正确的消费观和健康的饮食观。

一切生命活动都离不开蛋白质,你知道蛋白质具有什么性质吗?

富含蛋白质的食物

蛋白质是生命的物质基础,没有蛋白质就没有生命。从最简单的病毒、细菌等微生物直到高等生物,一切生命过程都与蛋白质密切相关。机体中的每一个细胞和所有重要组成部分都有蛋白质参与。蛋白质占人体质量的 16.3%,人体内蛋白质的种类很多,性质、功能各异,但都是由 20 多种氨基酸按不同比例组合而成的,并在体内不断进行代谢与更新。

1. 蛋白质的结构

蛋白质是由 C、H、O、N 组成,一般蛋白质可能还会含有 P、S、Fe、Zn、Cu、B、Mn、I 等。蛋白质是以氨基酸为基本单位构成的生物大分子。任何一种蛋白质分子在天然状态下均具有独特而稳定的结构,蛋白质的功能和活性不仅与组成多肽的氨基酸的种类、数目和排列顺序有关,还与其特定的空间结构密切相关。蛋白质可能包含一条或多条肽链,不同肽链中所包含的氨基酸数量以及它们的排列方式各不相同，多肽链本身以及多肽链之间还存在空间结构问题。这就造成了蛋白质数目众多，结构复杂（如图10-1）。

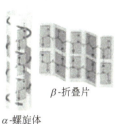
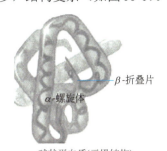
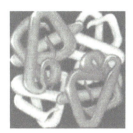

纤维状蛋白质(二级结构)　　球状蛋白质(三级结构)　　蛋白质四聚体(四级结构)

图10-1　结构复杂的蛋白质

你知道医院里通常用哪些方法来消毒杀菌的？哪些方法跟蛋白质的结构有关？

2. 蛋白质的性质

多数蛋白质可溶于水或其他极性溶剂，不溶于有机溶剂；蛋白质的水溶液具有胶体的性质，不能透过半透膜。

（1）两性

蛋白质是由多个氨基酸脱水形成的，在每条多肽链的两端存在着自由的氨基与羧基。而且，侧链中也有酸性或碱性基团，因此，蛋白质具有两性，既能与酸反应，也能与碱反应。

（2）变性

皮蛋

在热、酸、碱、重金属盐或紫外线等作用下，蛋白质会发生性质上的改变而凝结起来。蛋白质的这种变化叫做变性。蛋白质变性后，就失去了原有的可溶性，也就失去了它们生理上的作用。因此蛋白质的变性凝固是个不可逆过程。蛋白质的变性有许多实际作用，如利用蛋在碱性溶液中，能使蛋白质凝胶的特性，使之变成富有弹性的固体——皮蛋。

（3）盐析

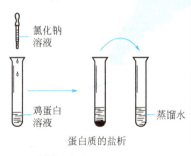

少量的盐（如硫酸铵、硫酸钠、氯化钠等）能促进蛋白质的溶解，但如果向蛋白质溶液中加入浓的盐溶液，反而使蛋白质的溶解度降低而从溶液中析出，这种作用称做盐析。这样析出的蛋白质仍可溶解在水中，并不影响原来蛋白质的生理活性。因此盐析是个可逆过程。采用多次盐析，可以分离和提纯蛋白质。

（4）颜色反应

蛋白质可以与许多试剂发生颜色反应，如蛋白质在浓碱（NaOH）溶液中与 $CuSO_4$ 溶液反应呈紫色或红色，有些蛋白质能跟浓硝酸起反应而呈黄色，皮肤等不慎沾到浓硝酸后出现黄色就是这个缘故。

知识窗 —— 蛋白质的生物功能

蛋白质在生物体中发挥着多种重要功能，表10-1中列出了一些蛋白质的种类和功能。

表10-1 蛋白质种类及功能

蛋白质种类	功能	具体作用
酶	催化功能	生物体新陈代谢的全部化学反应都是由酶催化来完成
肌球蛋白、肌动蛋白	运动功能	肌肉收缩都是通过蛋白质实现的
载体蛋白	运输功能	红细胞中的血红蛋白运送氧气和二氧化碳，脂蛋白输送脂肪等
胶原、角蛋白、弹性蛋白等	机械支持和保护功能	高等动物的具有机械支持功能的组织如骨、结缔组织以及毛发、皮肤、指甲等组织
抗体	免疫和防御功能	识别和结合侵入生物体的外来物质，如异体蛋白质、病毒和细菌等，取消其有害作用
激素、受体蛋白等	调节功能	代谢机能的调节，生长发育和分化的控制，生殖机能的调节

任务四 认识高分子化合物

知识与能力

> - 了解高分子化合物的概念及其特性。
> - 认识三大合成材料，知道一些常见的功能高分子材料。
> - 培养学生的思维能力、分析能力和自学能力，发展学生的科学探究能力。
> - 能收集、整理信息并进行交流，有保护环境意识。

  你知道天然橡胶、棉花和塑料含哪些元素吗？属于哪类化合物呢？

棉花　　棉布

天然橡胶　　塑料

人类自古以来与高分子化合物有着密不可分的关系，自然界的动植物（包括人体本身）就是以高分子化合物为主要成分而构成的。这些天然高分子化合物早已被用作原料来制造生产工具和生活资料。人类的主要食物如淀粉、蛋白质，衣物的原料如棉花、蚕丝、麻等，都是高分子化合物。

1. 高分子化合物的概念

由众多原子或原子团主要以共价键结合而成的相对分子质量在一万以上、具有重复结构单元的有机化合物叫做高分子化合物。由于高分子化合物多是由小分子通过聚合反应而制得的，因此也常被称为聚合物或高聚物。

高分子化合物按其来源可分为天然有机高分子化合物（如淀粉、纤维素、蛋白质、天然橡胶等）和合成有机高分子化合物（如聚乙烯、聚氯乙烯、合成橡胶等）。高分子是以一定数量的结构单元重复组成的，如聚乙烯：

$$n\text{CH}_2=\text{CH}_2 \longrightarrow \cdots -\text{CH}_2-\text{CH}_2-\text{CH}_2-\text{CH}_2-\cdots \longrightarrow +\text{CH}_2-\text{CH}_2\frac{1}{n}$$

其中，$CH_2=CH_2$ 称为单体；$-CH_2-CH_2-$ 为聚乙烯的链节；n 称为聚合度。

（1）写出丙烯聚合成聚丙烯的反应方程式_____。
（2）聚氯乙烯是由_____聚合而成的，其单体是_____，聚氯乙烯化学式可简写为_____，其链节是_____。

高分子的分子结构有线型结构和体型结构。线型结构的特征是分子中的原子以共价键互相连结成一条很长的卷曲状态的"链"（叫分子链）。它是卷曲呈不规则的线团状。体型结构的特征是分子链与分子链之间还有许多共价键交联起来，形成三度空间的网络结构。如图10-2所示。

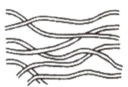  

(a) 不带支链的线性结构　　(b) 带支链的线性结构　　(c) 交联的体型（网状）结构

图10-2　高分子结构示意图

2. 高分子化合物的特性

高分子化合物的结构不同于一般小分子化合物，高分子比一般有机化合物的分子大得多，所以在物理、化学和力学性能上与低分子化合物有很大差异。图10-3为高分子化合物实物。

玻璃钢茶几　　　　聚四氟乙烯零件　　　麻醉呼吸回路管　　　采血管

图10-3　高分子化合物实物

高分子具有如下的特殊性能：
（1）弹性与塑性
线型高分子化合物的分子在通常情况下是卷曲的，当受到外力作用时，可稍被拉直，当外力去掉后，分子又恢复了原来卷曲的形状，这种性质叫做弹性。生胶是一种线型高分子化合物，它有很大的弹性。体型高分子里的长链，如果彼此交联不多，也有一定的弹性。如果交联过多，就会失去弹性而成坚硬的物质。如硬橡皮等。

线型高分子化合物当加热到一定温度，就渐渐软化。这时可以把它们制成一定的形状，冷却以后就保持了那种形状,这种性质叫做可塑性。体型高分子化合物因交联很多,当加热时不能软化,因此也就没有可塑性。

（2）电绝缘性

高分子链里的原子是以共价键结合的,一般没有自由电子,不能导电,所以一般有良好的绝缘性。电线的包皮、电插座等都是用塑料制成。此外,高分子化合物对多种射线如X射线有抵抗能力,可以抗辐射。

（3）密度和机械强度

高分子材料相对密度小,但强度高,有的工程塑料的强度超过钢铁和其他金属材料。如玻璃钢的强度比合金钢大1.7倍,比钛钢大1倍。由于质轻、强度高、耐腐蚀、价廉,所以高分子材料在不少场合已逐步取代金属材料,全塑汽车的问世是典型的例子。

（4）化学稳定性

高分子化合物的分子链缠绕在一起,活泼性基团少,活泼的官能团又包在里面,不易和化学试剂反应,化学性质通常很稳定。高分子具有耐酸、耐腐蚀等特性。著名的"塑料王"聚四氟乙烯,在王水中煮也不会变质,其耐酸程度远超过金。

高分子材料的缺点是:它们不耐高温,易燃烧,不易分解。如废弃的快餐盒和塑料袋等对环境形成的污染,称为"白色污染"。此外,还容易老化。

3. 三大合成材料

通常把塑料、合成橡胶和合成纤维叫做三大合成材料。它们是用人工方法,由低分子化合物合成的高分子化合物,又叫高聚物,相对分子质量可在10000以上。

（1）塑料

各种塑料制品

塑料是以合成树脂为主要成分,再加入填料、增塑剂和其他添加剂,在加热、加压下可塑制成型,而在通常条件下能保持固定形状的合成高分子材料。塑料按用途可分为通用塑料和工程塑料。常见的通用塑料有聚乙烯、聚丙烯、聚氯乙烯、酚醛塑料等;常见的工程塑料有聚四氟乙烯、聚碳酸酯、聚酰胺等。

（2）合成橡胶

各种橡胶制品

橡胶是一类线型柔性高分子聚合物。其分子链柔性好,在外力作用下可产生较大形变,除去外力后能迅速恢复原状。

常见合成橡胶有丁苯橡胶、氯丁橡胶、氟橡胶等。氟橡胶具有高度的热稳定性和化学稳定性,可制造飞机零件、高真空设备及宇宙飞行器中最重要的橡胶部件等。

（3）合成纤维

合成纤维制品

合成纤维是由合成高分子为原料，通过拉丝工艺获得的纤维。合成纤维的品种很多，最重要的品种有聚酯（涤纶）、聚酰胺（尼龙）、聚丙烯腈（腈纶），它们占世界合成纤维总产量的90%以上。合成纤维一般都具有强度高、弹性大、耐磨、耐化学腐蚀、耐光、耐热等特点，广泛用作衣料等生活用品。

4. 功能高分子材料

功能高分子材料一般指具有传递、转换或储存物质、能量和信息作用的高分子及其复合材料，或具体地指在原有力学性能的基础上，还具有化学反应活性、光敏性、导电性、催化性、生物相容性、药理性、选择分离性、能量转换性、磁性等功能的高分子及其复合材料。功能高分子材料是20世纪60年代发展起来的新兴领域，是高分子材料渗透到电子、生物、能源等领域后开发涌现出的新材料。

（1）高分子分离膜

用高分子分离膜淡化海水

高分子分离膜是用高分子材料制成的具有选择性透过功能的半透性薄膜。利用离子交换膜电解食盐可减少污染；利用反渗透进行海水淡化和脱盐；采用高分子富氧膜能简便地获得富氧空气，以用于医疗；还可用于制备电子工业用超纯水和无菌医药用超纯水；用分离膜装配的人工肾、人工肺，能净化血液，治疗肾功能不全患者以及作手术用人工心肺机中的氧合器等。

（2）光功能高分子材料

塑料透镜

光功能高分子材料是指能够对光进行透射、吸收、储存、转换的一类高分子材料。目前，这一类材料已有很多，主要包括光导材料、光记录材料、光加工材料、光学用塑料（如塑料透镜、接触眼镜等）、光转换系统材料、光显示用材料、光导电用材料、光合作用材料等。光功能高分子材料可以制成普通的安全玻璃、各种透镜、棱镜等；还可以制成塑料光导纤维、光盘、光固化涂料、光弹材料、防伪材料、电子产品、光学开关、彩色滤光片等。

化学基础

(3) 高吸水性高分子材料

高吸水树脂水晶花泥

高吸水性高分子可吸收超过自重上百倍甚至上千倍的水，体积虽然膨胀，但加压却挤不出水来。高吸水性高分子已广泛用于尿不湿、土壤保湿材料等，另外还可用作保鲜包装材料，也适宜做人造皮肤的材料。有人建议利用高吸水性高分子来防止土地沙漠化。

(4) 医用高分子材料

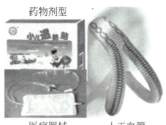

药物剂型　医疗器械　人工血管

主要用于人造器官、医疗器械和药物剂型。人造器官：除了脑、胃和部分内分泌器官外，人体中几乎所有器官都可用高分子材料制造，如人造心脏、人造血管、人造肾、人造骨等。医疗器械：一般医疗及看护用具，如眼带、洗肠器、注射针等；麻醉及手术室用具，如吸引器、缝线、咽头镜、血管注射用具等；检查及检查室用具，如采血管、采血瓶等。药物剂型：如小儿退热贴，创可贴等。

(5) 导电高分子材料

导电高分子材料

高分子具有绝缘性，这是由它的结构所决定的。20世纪70年代人们合成了聚乙炔，发现它有导电性能。随聚乙炔后，又发现一些高分子具有导电性，导电高分子材料引起人们的重视。用导电塑料做成的塑料电池已进入市场，硬币大小的电池，一个电极是金属锂，另一个电极是聚苯胺导电塑料，电池可多次重复充电使用，工作寿命长。

(1) 有一个高分子化合物，其构造简式为 $-\!\!\left[CH_2-\underset{\underset{CH_3}{|}}{CH}\right]_n\!\!-$，它是由何种单体聚合而成的？

(2) 由 $CH_2\!=\!\underset{\underset{Cl}{|}}{CH}$ 在一定条件下聚合，可以得到什么聚合物？试写出其构造简式。

(3) 你知道哪些天然高分子材料？常见的合成高分子材料有哪些？

(4) 你认为医用高分子材料应符合哪些要求？

(5) 谈谈你对塑料使用的白色污染的认识。

任务五　从茶叶中提取咖啡因

知能目标

- 熟悉从植物中提取天然生物碱的原理和方法。
- 掌握脂肪提取器的构造、原理、安装和使用方法。
- 学会利用生化反应提纯固体有机物的操作方法。

解析原理

本实验用95%乙醇作溶剂，从茶叶中提取咖啡因，使其与不溶于乙醇的纤维素和蛋白质分离，萃取液中除咖啡因外，还含有叶绿素、单宁酸等杂质。蒸去溶剂后，在粗咖啡因中拌入生石灰，使其与单宁酸等酸性物质作用生成钙盐，游离的咖啡因通过升华得到纯化。

仪器和药品

圆底烧瓶（150mL）、蒸发皿、脂肪提取器、水浴锅、温度计（300℃）、电热套、滤纸、玻璃漏斗、茶叶、生石灰、乙醇（95%）等。

操作过程

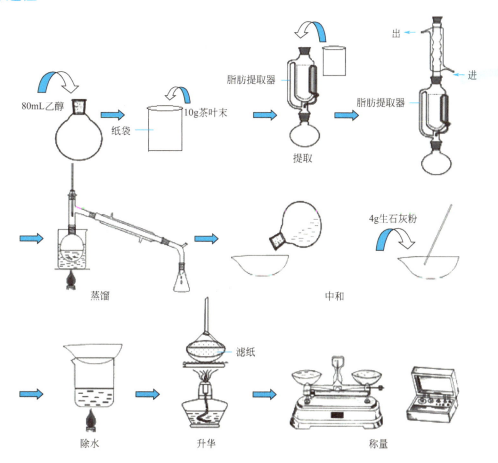

阅读材料

玉米塑料

玉米　　　玉米塑料制品

2010年的上海世博会是第41届综合性世博会，主题是"城市，让生活更美好"。本届世博会为凸显绿色环保概念"玉米塑料"将替代一次性饭盒、并可被用来制作世博会胸卡、证件。饱含淀粉质的玉米经过现代生物技术可生产出无色透明的液体——乳酸，再经过特殊的聚合反应过程生成颗粒状高分子材料——聚乳酸。从玉米中提取的聚乳酸颗粒称为"玉米塑料"，可代替化工塑料粒子，根据不同需要制成建筑墙体板材、包装材料、纺织面料、日用器具、农用地膜、地毯、汽车内饰和家庭装饰品，在医药医疗领域也大有用武之地。"玉米塑料"制成的骨钉、手术缝合线已应用于临床，由于其具有在体内完全降解的特性，不用再施行拆除和拆线等医疗程序。用"玉米塑料"还能制成人造骨骼和人造皮肤的组织工程支架，在其上培植骨细胞或皮肤细胞，当支架材料降解后，人造骨骼和人造皮肤也长成了。利用"玉米塑料"无毒无害可降解的特性，还能制成缓释胶囊，从而改变人们的服药习惯，由于这种缓释胶囊在人体内逐步消化降解，人们吃一颗用缓释胶囊包裹的药物，就能在几天或一星期内持续获得需要的药量。由这种生物高分子材料制成的物品，废弃后可采用堆肥填埋处理，在自然界微生物的作用下彻底分解为水和二氧化碳，并可当作有机肥施入农田成为植物养料。

项目小结

1. 糖类
   - 单糖、二糖、多糖
2. 油脂
   - 油脂的性质
3. 蛋白质
   - 蛋白质的性质
4. 高分子化合物
   - 三大合成材料
   - 功能高分子材料

复习题

一、选择题

1. 糖类化合物可根据被水解的情况分为以下三类，正确的是（　　）。
   A. 单糖、低聚糖及多糖　　　　B. 葡萄糖、果糖和低聚糖
   C. 果糖、蔗糖、葡萄糖　　　　D. 葡萄糖、蔗糖、麦芽糖

2. 果糖、蔗糖、葡萄糖、麦芽糖中最甜的是（　　）。
   A. 蔗糖　　　　B. 葡萄糖　　　　C. 果糖　　　　D. 麦芽糖

3.下列有关淀粉的说法中，错误的是（　　）。
A.淀粉属于高分子化合物　　　　B.淀粉溶于水后，形成胶体
C.淀粉遇碘水后呈蓝色　　　　　D.淀粉的相对分子质量与纤维素的相等
4.油脂的硬化实质上是油脂发生（　　）反应。
A.加成　　　　B.水解　　　　C.皂化　　　　D.氧化
5.酶催化作用具有的特点是（　　）。
A.条件温和、专一、高效　　　　B.条件温和、高效，同时催化多种反应
C.专一、高效、适用条件广　　　D.条件温和、专一、催化速率较慢
6.蛋白质在酸、碱或酶的作用下，能逐步水解成分子量较小的肽，最终得到（　　）。
A.各种维生素　　B.各种葡萄糖　　C.各种氨基酸　　D.各种多肽
7.生活中的一些问题常涉及化学知识，下列叙述正确的是（　　）。
A.棉花的主要成分是纤维素
B.过多食用糖类物质（如淀粉等）不会使人发胖
C.淀粉在人体内直接水解生成葡萄糖，供人体组织的营养需要
D.纤维素在人体消化中起重要作用，纤维素可以作为人类的营养物质
8.下列物质中，属于纯净物的是（　　）。
A.消毒用酒精　　B.福尔马林　　C.聚氯乙烯　　D.石炭酸

二、判断题
1.淀粉、蛋白质、油脂都属于高分子化合物。（　　）
2.淀粉水解的最终产物是葡萄糖。（　　）
3.餐具能放在沸水中煮而消毒。原因是细菌细胞中的蛋白质发生变性。（　　）
4.聚四氟乙烯不溶于浓酸、浓碱、氢氟酸和"王水"，具有很好的化学稳定性，俗称"塑料王"。（　　）

三、简答题
1.什么叫蛋白质变性？哪些因素可以使蛋白质变性？
2.三大合成材料在日常生活中都很熟悉，各举一例说明它们的主要性能和用途。

附 录

附录一　国际单位制（SI）

摘自中华人民共和国国家标准GB 3100—93《量和单位》

1. 国际单位制的基本单位

量的名称	单位名称	单位符号	量的名称	单位名称	单位符号
长度	米	m	热力学温度	开［尔文］	K
质量	千克	kg	物质的量	摩［尔］	mol
时间	秒	s	发光强度	坎［德拉］	Cd
电流	安［培］	A			

注：方括号的字可以省略。去掉方括号的字即为其名称的简称。下同。

2. 本书用到的国际单位制的导出单位

量的名称	单位名称	单位符号	量的名称	单位名称	单位符号
能【量】，功，热量	焦［尔］	J	电量	库［仑］	C
电压，电动势，电势	伏［特］	V	频率	赫［兹］	Hz
压力	帕［斯卡］	Pa	力	牛［顿］	N

3. 习惯中用到的可与国际单位制并用的我国法定计量单位

量的名称	单位名称	单位符号	与SI单位的关系
时间	分	min	1min=60s
	小时	h	1h=60min=3600s
摄氏温度	度	℃	273.15+℃ =K
质量	吨	t	$1t=10^3 kg$
体积	升	L	$1L=10^{-3} m^3$

4. 国际单位制的词冠

倍数与分数	名称	符号	例	倍数与分数	名称	符号	例
10^3	千	k	$1kJ=10^3 J$	10^{-9}	纳	n	$1nm=10^{-9} m$
10^{-3}	毫	m	$1mm=10^{-3} m$	10^{-12}	皮	p	$1pm=10^{-12} m$
10^{-6}	微	μ	$1μm=10^{-6} m$				

附录二　酸、碱、盐溶解性表（293K）

阳离子＼阴离子	OH^-	NO_3^-	Cl^-	SO_4^{2-}	S^{2-}	SO_3^{2-}	CO_3^{2-}	SiO_3^{2-}	PO_4^{3-}
H^+		溶、挥	溶、挥	溶	溶、挥	溶、挥	溶、挥	微	溶
NH_4^+	溶.挥	溶	溶	溶	溶	溶	溶	溶	溶
K^+	溶	溶	溶	溶	溶	溶	溶	溶	溶
Na^+	溶	溶	溶	溶	溶	溶	溶	溶	溶
Ba^{2+}	溶	溶	溶	不	—	不	不	不	不
Ca^{2+}	微	溶	溶	微	—	不	不	不	不
Mg^{2+}	不	溶	溶	溶		微	微	不	不
Al^{3+}	不	溶	溶	溶	—	—	—	不	不
Mn^{2+}	不	溶	溶	溶	不	不	不	不	不
Zn^{2+}	不	溶	溶	溶	不	不	不	不	不
Cr^{3+}	不	溶	溶	溶				不	不
Fe^{2+}	不	溶	溶	溶	不	不	不	不	不
Fe^{3+}	不	溶	溶	溶				不	不
Sn^{2+}	不	溶	溶	溶	不				不
Pb^{2+}	不	溶	微	不	不	不	不	不	不
Bi^{3+}	不	溶	—	溶	不	不	不		不
Cu^{2+}	不	溶	溶	溶	不	不	不	不	不
Hg^+	—	溶	不	微	不	不	不		不
Hg^{2+}	不	溶	溶	溶	不	不	不	—	不
Ag^+	—	溶	不	微	不	不	不	不	不

附录三　一些弱酸、弱碱的解离常数（298K）

弱电解质	化学式	解离常数	弱电解质	化学式	解离常数
次氯酸	HClO	3.2×10^{-8}	甲酸	HCOOH	1.77×10^{-4}
氢氰酸	HCN	6.2×10^{-10}	乙酸	CH_3COOH	1.8×10^{-3}
氢氟酸	HF	6.6×10^{-4}	草酸	$(COOH)_2$	$K_1 = 5.4 \times 10^{-2}$
碳酸	H_2CO_3	$K_1 = 4.2 \times 10^{-7}$	氯乙酸	$ClCH_2COOH$	$K_1 = 5.4 \times 10^{-5}$
碳酸	H_2CO_3	$K_2 = 5.61 \times 10^{-11}$	氯乙酸	$ClCH_2COOH$	1.4×10^{-3}
氢硫酸	H_2S	$K_1 = 5.70 \times 10^{-8}$	苯甲酸	C_6H_5COOH	6.46×10^{-5}
氢硫酸	H_2S	$K_2 = 7.10 \times 10^{-15}$	氨水	$NH_3 \cdot H_2O$	1.8×10^{-5}
亚硫酸	H_2SO_3	$K_1 = 1.26 \times 10^{-2}$	羟氨	NH_2OH	9.12×10^{-9}
亚硫酸	H_2SO_3	$K_2 = 6.3 \times 10^{-8}$	苯胺	$C_6H_5NH_2$	4.27×10^{-10}

附录四 标准电极电势（298K）

电对	电极反应	$\varphi^\ominus/V$	电对	电极反应	$\varphi^\ominus/V$
Li^+/Li	$Li^+ + e \rightleftharpoons Li$	−3.045	Cu^{2+}/Cu^+	$Cu^{2+} + e \rightleftharpoons Cu^+$	0.17
K^+/K	$K^+ + e \rightleftharpoons K$	−2.925	Cu^{2+}/Cu	$Cu^{2+} + 2e \rightleftharpoons Cu$	0.34
Ba^{2+}/Ba	$Ba^{2+} + 2e \rightleftharpoons Ba$	−2.91	O_2/OH^-	$O_2 + 2H_2O + 4e \rightleftharpoons 4OH^-$	0.401
Ca^{2+}/Ca	$Ca^{2+} + 2e \rightleftharpoons Ca$	−2.87	Cu^+/Cu	$Cu^+ + e \rightleftharpoons Cu$	0.52
Na^+/Na	$Na^+ + e \rightleftharpoons Na$	−2.714	I_2/I^-	$I_2 + 2e \rightleftharpoons 2I^-$	0.535
Mg^{2+}/Mg	$Mg^{2+} + 2e \rightleftharpoons Mg$	−2.37	Fe^{3+}/Fe^{2+}	$Fe^{3+} + e \rightleftharpoons Fe^{2+}$	0.771
Al^{3+}/Al	$Al^{3+} + 3e \rightleftharpoons Al$	−1.66	Ag^+/Ag	$Ag^+ + e \rightleftharpoons Ag$	0.799
Mn^{2+}/Mn	$Mn^{2+} + 2e \rightleftharpoons Mn$	−1.17	Hg^{2+}/Hg	$Hg^{2+} + 2e \rightleftharpoons Hg$	0.854
Zn^{2+}/Zn	$Zn^{2+} + 2e \rightleftharpoons Zn$	−0.763	Br_2/Br^-	$Br_2 + 2e \rightleftharpoons 2Br^-$	1.065
Cr^{3+}/Cr	$Cr^{3+} + 3e \rightleftharpoons Cr$	−0.74	O_2/H_2O	$O_2 + 4H^+ + 4e \rightleftharpoons 2H_2O$	1.229
Fe^{2+}/Fe	$Fe^{2+} + 2e \rightleftharpoons Fe$	−0.44	MnO_2/Mn^{2+}	$MnO_2 + 4H^+ + 2e \rightleftharpoons Mn^{2+} + 2H_2O$	1.23
Cd^{2+}/Cd	$Cd^{2+} + 2e \rightleftharpoons Cd$	−0.103	$Cr_2O_7^{2-}/Cr^{3+}$	$Cr_2O_7^{2-} + 14H^+ + 6e \rightleftharpoons 2Cr^{3+} + 7H_2O$	1.33
$PbSO_4/Pb$	$PbSO_4 + 2e \rightleftharpoons Pb + SO_4^{2-}$	−0.356	Cl_2/Cl^-	$Cl_2 + 2e \rightleftharpoons 2Cl^-$	1.36
Co^{2+}/Co	$Co^{2+} + 2e \rightleftharpoons Co$	−0.29	PbO_2/Pb^{2+}	$PbO_2 + 4H^+ + 2e \rightleftharpoons Pb^{2+} + 2H_2O$	1.455
Ni^{2+}/Ni	$Ni^{2+} + 2e \rightleftharpoons Ni$	−0.25	MnO_4^-/Mn^{2+}	$MnO_4^- + 8H^+ + 5e \rightleftharpoons Mn^{2+} + 4H_2O$	1.51
Sn^{2+}/Sn	$Sn^{2+} + 2e \rightleftharpoons Sn$	−0.136	MnO_4^-/MnO_2	$MnO_4^- + 4H^+ + 3e \rightleftharpoons MnO_2 + 2H_2O$	1.68
Pb^{2+}/Pb	$Pb^{2+} + 2e \rightleftharpoons Pb$	−0.126	$PbO_2/PbSO_4$	$PbO_2 + SO_4^{2-} + 4H^+ + 2e \rightleftharpoons PbSO_4 + 2H_2O$	1.69
Fe^{3+}/Fe	$Fe^{3+} + 3e \rightleftharpoons Fe$	−0.037	H_2O_2/H_2O	$H_2O_2 + 2H^+ + 2e \rightleftharpoons 2H_2O$	1.77
$2H^+/H_2$	$2H^+ + 2e \rightleftharpoons H_2$	0	Co^{3+}/Co^{2+}	$Co^{3+} + e \rightleftharpoons Co^{2+}$	1.8
Sn^{4+}/Sn^{2+}	$Sn^{4+} + 2e \rightleftharpoons Sn^{2+}$	0.154	O_3/O_2	$O_3 + 2H^+ + 2e \rightleftharpoons O_2 + H_2O$	2.07

参考文献

[1] 旷英姿. 化学基础. 第2版. 北京：化学工业出版社，2008.

[2] 智恒平，干洪珍. 基础化学. 北京：化学工业出版社，2009.

[3] 高级中学课本（试用本）. 化学. 上海：上海科学技术出版社，2007.

[4] 贺红举. 化学基础. 北京：化学工业出版社，2007.

[5] 陈艾霞，杨龙. 化学. 北京：化学工业出版社，2009.

[6] 黎春南. 有机化学. 北京：化学工业出版社，2002.

[7] 章红. 化学工艺概论. 北京：化学工业出版社，2010.

[8] 夏伟富. 化学. 上海：上海外语教育出版社，2003.

[9] 初玉霞. 有机化学实验. 北京：化学工业出版社，2006.

[10] 蔡炳新. 基础化学实验. 北京：科学出版社，2001.

[11] 肖常磊，钱扬义. 中学化学实验教学论. 北京：化学工业出版社，2007.

[12] 郑长龙. 化学实验教学新视野. 北京：高等教育出版社，2003.

元素周期表

IUPAC 2013

图例	
氧化态(单质的氧化态为0，未列入；常见的为红色)	+2 +3 +4 +5 +6
原子序数	95
元素符号(红色的为放射性元素)	Am
元素名称(注▲的为人造元素)	镅▲
价层电子构型	$5f^{7}7s^{2}$
以 $^{12}C=12$ 为基准的原子量(注✦的是半衰期最长同位素的原子量)	243.06138(2)✦

s区元素　p区元素　d区元素　ds区元素　f区元素　稀有气体

族 周期	1 ⅠA	2 ⅡA	3 ⅢB	4 ⅣB	5 ⅤB	6 ⅥB	7 ⅦB	8 ⅧB(Ⅷ)	9 ⅧB(Ⅷ)	10 ⅧB(Ⅷ)	11 ⅠB	12 ⅡB	13 ⅢA	14 ⅣA	15 ⅤA	16 ⅥA	17 ⅦA	18 ⅧA(0)	电子层
1	−1 +1 1 H 氢 $1s^{1}$ 1.008																	2 He 氦 $1s^{2}$ 4.002602(2)	K
2	+1 3 Li 锂 $2s^{1}$ 6.94	+2 4 Be 铍 $2s^{2}$ 9.0121831(5)											+3 5 B 硼 $2s^{2}2p^{1}$ 10.81	−4 +2 +4 6 C 碳 $2s^{2}2p^{2}$ 12.011	−3 −2 −1 +1 +2 +3 +4 +5 7 N 氮 $2s^{2}2p^{3}$ 14.007	−2 −1 8 O 氧 $2s^{2}2p^{4}$ 15.999	−1 9 F 氟 $2s^{2}2p^{5}$ 18.998403163(6)	10 Ne 氖 $2s^{2}2p^{6}$ 20.1797(6)	L K
3	−1 +1 11 Na 钠 $3s^{1}$ 22.98976928(2)	+2 12 Mg 镁 $3s^{2}$ 24.305											+3 13 Al 铝 $3s^{2}3p^{1}$ 26.9815385(7)	−4 +2 +4 14 Si 硅 $3s^{2}3p^{2}$ 28.085	−3 −2 +1 +3 +5 15 P 磷 $3s^{2}3p^{3}$ 30.973761998(5)	−2 +2 +4 +6 16 S 硫 $3s^{2}3p^{4}$ 32.06	−1 +1 +3 +5 +7 17 Cl 氯 $3s^{2}3p^{5}$ 35.45	18 Ar 氩 $3s^{2}3p^{6}$ 39.948(1)	M L K
4	−1 +1 19 K 钾 $4s^{1}$ 39.0983(1)	+2 20 Ca 钙 $4s^{2}$ 40.078(4)	+3 21 Sc 钪 $3d^{1}4s^{2}$ 44.955908(5)	−1 0 +2 +3 +4 22 Ti 钛 $3d^{2}4s^{2}$ 47.867(1)	0 ±1 +2 +3 +4 +5 23 V 钒 $3d^{3}4s^{2}$ 50.9415(1)	−3 0 ±1 ±2 +3 +4 +5 +6 24 Cr 铬 $3d^{5}4s^{1}$ 51.9961(6)	−2 0 ±1 +2 ±3 +4 +5 +6 +7 25 Mn 锰 $3d^{5}4s^{2}$ 54.938044(3)	−2 0 ±1 +2 +3 +4 +5 +6 26 Fe 铁 $3d^{6}4s^{2}$ 55.845(2)	0 ±1 +2 +3 +4 +5 27 Co 钴 $3d^{7}4s^{2}$ 58.933194(4)	0 ±1 +2 +3 +4 28 Ni 镍 $3d^{8}4s^{2}$ 58.6934(4)	+1 +2 +3 +4 29 Cu 铜 $3d^{10}4s^{1}$ 63.546(3)	+1 +2 30 Zn 锌 $3d^{10}4s^{2}$ 65.38(2)	+1 +3 31 Ga 镓 $4s^{2}4p^{1}$ 69.723(1)	+2 +4 32 Ge 锗 $4s^{2}4p^{2}$ 72.630(8)	−3 +3 +5 33 As 砷 $4s^{2}4p^{3}$ 74.921595(6)	−2 +2 +4 +6 34 Se 硒 $4s^{2}4p^{4}$ 78.971(8)	−1 +1 +3 +5 +7 35 Br 溴 $4s^{2}4p^{5}$ 79.904	+2 +4 36 Kr 氪 $4s^{2}4p^{6}$ 83.798(2)	N M L K
5	−1 +1 37 Rb 铷 $5s^{1}$ 85.4678(3)	+2 38 Sr 锶 $5s^{2}$ 87.62(1)	+3 39 Y 钇 $4d^{1}5s^{2}$ 88.90584(2)	+1 +2 +3 +4 40 Zr 锆 $4d^{2}5s^{2}$ 91.224(2)	0 ±1 +2 +3 +4 +5 41 Nb 铌 $4d^{4}5s^{1}$ 92.90637(2)	0 ±1 ±2 +3 +4 +5 +6 42 Mo 钼 $4d^{5}5s^{1}$ 95.95(1)	0 ±1 +2 +3 +4 +5 +6 +7 43 Tc 锝▲ $4d^{5}5s^{2}$ 97.90721(3)✦	0 +1 ±2 +3 +4 +5 +6 +7 +8 44 Ru 钌 $4d^{7}5s^{1}$ 101.07(2)	0 ±1 +2 +3 +4 +5 +6 45 Rh 铑 $4d^{8}5s^{1}$ 102.90550(2)	0 +1 +2 +3 +4 46 Pd 钯 $4d^{10}$ 106.42(1)	+1 +2 +3 47 Ag 银 $4d^{10}5s^{1}$ 107.8682(2)	+1 +2 48 Cd 镉 $4d^{10}5s^{2}$ 112.414(4)	+1 +3 49 In 铟 $5s^{2}5p^{1}$ 114.818(1)	+2 +4 50 Sn 锡 $5s^{2}5p^{2}$ 118.710(7)	−3 +3 +5 51 Sb 锑 $5s^{2}5p^{3}$ 121.760(1)	−2 +2 +4 +6 52 Te 碲 $5s^{2}5p^{4}$ 127.60(3)	−1 +1 +3 +5 +7 53 I 碘 $5s^{2}5p^{5}$ 126.90447(3)	+2 +4 +6 +8 54 Xe 氙 $5s^{2}5p^{6}$ 131.293(6)	O N M L K
6	−1 +1 55 Cs 铯 $6s^{1}$ 132.90545196(6)	+2 56 Ba 钡 $6s^{2}$ 137.327(7)	57~71 La~Lu 镧系	+1 +2 +3 +4 72 Hf 铪 $5d^{2}6s^{2}$ 178.49(2)	0 ±1 +2 +3 +4 +5 73 Ta 钽 $5d^{3}6s^{2}$ 180.94788(2)	0 ±1 ±2 +3 +4 +5 +6 74 W 钨 $5d^{4}6s^{2}$ 183.84(1)	0 ±1 +2 +3 +4 +5 +6 +7 75 Re 铼 $5d^{5}6s^{2}$ 186.207(1)	0 +1 +2 +3 +4 +5 +6 +7 +8 76 Os 锇 $5d^{6}6s^{2}$ 190.23(3)	0 ±1 +2 +3 +4 +5 +6 77 Ir 铱 $5d^{7}6s^{2}$ 192.217(3)	0 +2 +3 +4 +5 +6 78 Pt 铂 $5d^{9}6s^{1}$ 195.084(9)	+1 +2 +3 +5 79 Au 金 $5d^{10}6s^{1}$ 196.966569(5)	+1 +2 +3 80 Hg 汞 $5d^{10}6s^{2}$ 200.592(3)	+1 +3 81 Tl 铊 $6s^{2}6p^{1}$ 204.38	+2 +4 82 Pb 铅 $6s^{2}6p^{2}$ 207.2(1)	−3 +3 +5 83 Bi 铋 $6s^{2}6p^{3}$ 208.98040(1)	−2 +2 +3 +4 +6 84 Po 钋 $6s^{2}6p^{4}$ 208.98243(2)✦	±1 +5 +7 85 At 砹 $6s^{2}6p^{5}$ 209.98715(5)✦	+2 86 Rn 氡 $6s^{2}6p^{6}$ 222.01758(2)✦	P O N M L K
7	+1 87 Fr 钫▲ $7s^{1}$ 223.01974(2)✦	+2 88 Ra 镭 $7s^{2}$ 226.02541(2)✦	89~103 Ac~Lr 锕系	104 Rf 𬬻▲ $6d^{2}7s^{2}$ 267.122(4)✦	105 Db 𬭊▲ $6d^{3}7s^{2}$ 270.131(4)✦	106 Sg 𬭳▲ $6d^{4}7s^{2}$ 269.129(3)✦	107 Bh 𬭛▲ $6d^{5}7s^{2}$ 270.133(2)✦	108 Hs 𬭶▲ $6d^{6}7s^{2}$ 270.134(2)✦	109 Mt 鿏▲ $6d^{7}7s^{2}$ 278.156(5)✦	110 Ds 𫟼▲ 281.165(4)✦	111 Rg 𬬭▲ 281.166(6)✦	112 Cn 鿔▲ 285.177(4)✦	113 Nh 鿭▲ 286.182(5)✦	114 Fl 𫓧▲ 289.190(4)✦	115 Mc 镆▲ 289.194(6)✦	116 Lv 𫟷▲ 293.204(4)✦	117 Ts 鿬▲ 293.208(6)✦	118 Og 鿫▲ 294.214(5)✦	Q P O N M L K

★ 镧系	+3 57 La★ 镧 $5d^{1}6s^{2}$ 138.90547(7)	+2 +3 +4 58 Ce 铈 $4f^{1}5d^{1}6s^{2}$ 140.116(1)	+3 +4 59 Pr 镨 $4f^{3}6s^{2}$ 140.90766(2)	+2 +3 +4 60 Nd 钕 $4f^{4}6s^{2}$ 144.242(3)	+3 61 Pm 钷▲ $4f^{5}6s^{2}$ 144.91276(2)✦	+2 +3 62 Sm 钐 $4f^{6}6s^{2}$ 150.36(2)	+2 +3 63 Eu 铕 $4f^{7}6s^{2}$ 151.964(1)	+3 64 Gd 钆 $4f^{7}5d^{1}6s^{2}$ 157.25(3)	+3 +4 65 Tb 铽 $4f^{9}6s^{2}$ 158.92535(2)	+3 +4 66 Dy 镝 $4f^{10}6s^{2}$ 162.500(1)	+3 67 Ho 钬 $4f^{11}6s^{2}$ 164.93033(2)	+3 68 Er 铒 $4f^{12}6s^{2}$ 167.259(3)	+2 +3 69 Tm 铥 $4f^{13}6s^{2}$ 168.93422(2)	+2 +3 70 Yb 镱 $4f^{14}6s^{2}$ 173.045(10)	+3 71 Lu 镥 $4f^{14}5d^{1}6s^{2}$ 174.9668(1)
★ 锕系	+3 89 Ac★ 锕 $6d^{1}7s^{2}$ 227.02775(2)✦	+3 +4 90 Th 钍 $6d^{2}7s^{2}$ 232.0377(4)	+3 +4 +5 91 Pa 镤 $5f^{2}6d^{1}7s^{2}$ 231.03588(2)	+2 +3 +4 +5 +6 92 U 铀 $5f^{3}6d^{1}7s^{2}$ 238.02891(3)	+3 +4 +5 +6 +7 93 Np 镎 $5f^{4}6d^{1}7s^{2}$ 237.04817(2)✦	+3 +4 +5 +6 +7 94 Pu 钚 $5f^{6}7s^{2}$ 244.06421(4)✦	+2 +3 +4 +5 +6 95 Am 镅▲ $5f^{7}7s^{2}$ 243.06138(2)✦	+3 +4 96 Cm 锔▲ $5f^{7}6d^{1}7s^{2}$ 247.07035(3)✦	+3 +4 97 Bk 锫▲ $5f^{9}7s^{2}$ 247.07031(4)✦	+2 +3 +4 98 Cf 锎▲ $5f^{10}7s^{2}$ 251.07959(3)✦	+2 +3 99 Es 锿▲ $5f^{11}7s^{2}$ 252.0830(3)✦	+2 +3 100 Fm 镄▲ $5f^{12}7s^{2}$ 257.09511(5)✦	+2 +3 101 Md 钔▲ $5f^{13}7s^{2}$ 258.09843(3)✦	+2 +3 102 No 锘▲ $5f^{14}7s^{2}$ 259.1010(7)✦	+3 103 Lr 铹▲ $5f^{14}6d^{1}7s^{2}$ 262.110(2)✦